国家自然科学基金青年科学基金项目(21506250)资助
江苏省自然科学基金青年项目(BK20150182)资助
2015 年学科前沿科学专项项目(2015XKMS100)资助
中国矿业大学中央高校基本科研业务费专项资金项目(2014QNA83)资助

稻壳和麦秆及其萃余物的逐级氧化

路　瑶　陆永超　著

中国矿业大学出版社

内 容 简 介

本书研究内容和成果如下：在温和反应条件下，以 NaOCl 水溶液为氧化剂，分别对稻壳和麦秆两种生物质进行逐级氧化降解，用FTIR和GC/MS等对降解产物进行详细分离分析与表征，获得降解产物的组成信息进而推断可能的前驱体结构；用元素分析、SEM 和 EDS 等手段分析各级氧化残渣的成分与形貌，推测生物质分子结构及各组分氧化降解反应机理。该研究提供了清洁、快速的生物质降解方法，为揭示生物质分子结构提供了科学依据，为高附加值化学原料供应和实现农作物秸秆的开发利用提供了可行途径。

图书在版编目（ＣＩＰ）数据

稻壳和麦秆及其萃余物的逐级氧化/路瑶，陆永超著. —徐州：中国矿业大学出版社，2017.8
ISBN 978 - 7 - 5646 - 3636 - 4

Ⅰ. ①稻… Ⅱ. ①路… ②陆… Ⅲ. ①生物质—氧化 Ⅳ. ①TK62

中国版本图书馆 CIP 数据核字(2017)第 185776 号

书　　　名	稻壳和麦秆及其萃余物的逐级氧化	
著　　　者	路　瑶　　陆永超	
责任编辑	黄本斌　　赵朋举	
出版发行	中国矿业大学出版社有限责任公司	
	（江苏省徐州市解放南路　邮编221008）	
营销热线	(0516)83885307　83884995	
出版服务	(0516)83885767　83884920	
网　　　址	http://www.cumtp.com　**E-mail**：cumtpvip@cumtp.com	
印　　　刷	徐州中矿大印发科技有限公司	
开　　　本	787×1092　1/16　**印张** 13.25　**字数** 267 千字	
版次印次	2017 年 8 月第 1 版　2017 年 8 月第 1 次印刷	
定　　　价	30.00 元	

（图书出现印装质量问题，本社负责调换）

前　　言

随着化石能源的价格上涨和日益枯竭以及人类对环境保护越来越重视,寻找合适的替代能源是实现可持续发展的必经之路。生物质能源以储量丰富、洁净和可再生等优势,逐渐成为研发与应用的重要目标。然而,目前的生物质利用技术主要基于生物降解和热化学降解,普遍存在能耗高、成本高、反应条件苛刻和不易控制、残渣多、资源浪费和污染环境等问题,急需开发生物质降解利用新途径。

本书选取稻壳(RHP)和麦秆(WSP)作为生物质原料,旨在开发在温和反应条件下实现生物质降解的新方法。以 NaOCl 水溶液为氧化剂,对两种生物质进行逐级氧化降解,并对降解产物进行详细分离分析与表征,获得稻壳和麦秆降解产物的组成信息,分析各级氧化残渣的成分与形貌以佐证降解产物成分,并推测所选生物质分子结构以及氧化降解反应机理。

在 RHP 和 WSP 的逐级氧化的各级萃取物中检测到多种产物,分为烷烃、芳烃、醛类、酮类、酚类、有机酸、酯类和含氮化合物以及少量烯烃和醇等其他化合物。其中,有机酸、酯类和酮类的含量较高;烷烃是蜡质的降解产物;芳烃、苯甲醛类和酚类化合物可能源于木质素的降解;酮类化合物种类较为丰富,主要有呋喃酮、环烷酮、吡喃酮、烯酮和含苯酮类化合物,其中前三类可能来自半纤维素或纤维素的氧化降解;有机酸主要有邻苯二甲酸、苯甲酸和脂肪酸;长链脂肪酸可能来自于油脂,也可能是蜡质经 NaOCl 氧化而成的;邻苯二甲酸酯和脂肪酸苯基酯可能是生物质中木质素与蜡质层的连接结构;含氮化合物可分为胺类、氮杂环化合物、腈类、氨基化合物及磺胺等,前两者种类丰富、含量高。在萃取物中检测到的醇类和烯烃极少,可能被 NaOCl 氧化了。其他化合物主要包括甾烷或醇和酮、杂氧烷、醚类和含硫化合物。

温和条件下的溶剂分级萃取可将 RHP 和 WSP 中的可萃取物提取分离。生物质在溶剂萃取过程中,可能发生组成和结构上的改变,进而影响其在后续加工利用中的转化历程。在萃取物中检测到的有机化合物分为烷烃、烯烃、芳烃、醛、酮、醇、酯、呋喃、含氮化合物、有机酸和甾族化合物。其中,甾族、烷烃和酮类化合物是所检测化合物中种类最丰富、含量最高的化合物。甾族化合物在可萃取物中的相对含量均超过 60%,主要包括胆甾烯酮(或烷、醇)和豆甾烯酮(或烷、醇)。长链的烷烃、烯烃和醛类化合物可能来自稻壳的蜡质层。甾族化合物大多是重要的地球生物标志物,可作为合成药物和有机化学品的原料,用于治疗疾病等。芳烃可能是木质素的降解产物。烷基呋喃类化合物可能来源于半纤维素,而苯并呋喃可能源于木质素。此外,还检测到了维生素 E 等。因此,可在温和条件下采用简单的溶剂萃取即可从生物质获取甾族化合物。

RHP 和 WSP 的萃余物经逐级氧化,经对产物的各级萃取物的 FTIR 分析和 GC/MS 分析,均与非萃取 RHP 和 WSP 原料逐级氧化所得化合物种类分布相近,然而产物总体种类和含量与之明显不同。在萃余物各级萃取物中所检测到的化合物包括烷烃、芳烃、酚类、醛类、酮类、有机酸、酯类及其他化合物。其中以短链脂肪酸为主的有机酸含量最高,其次是酮类化合物。甾族化合物和烷烃等大多难溶于水,可能会抑制 RHP 和 WSP 在 NaOCl 水溶液中的直接氧化降解。经溶剂分级萃取可将上述化合物萃取分离,与 RHP 和 WSP 本身相比,分级萃取后组成结构发生变化,所得萃余物在 NaOCl 水溶液中更容易氧化降解,产物的组成更简单,氧化进行更为彻底;通过分级萃取后续的逐级氧化既可以使稻壳和麦秆有效降解,又有助于深入了解 RHP 和 WSP 中有机质的组成结构。

从各原料至各级氧化残渣,随着氧化级数的增加,残渣中的 C、H、N 和 S 元素含量均显著降低,H/C 也显著降低。RHP 和 WSP 的萃余物第三级氧化残渣中,C 和 H 含量分别降低到 2.63% 和 1.55% 以及 7.10% 和 1.93%,其他成分多为无机矿物质。SEM 直接显示有机质在逐级氧化降解过程中的层次性,纤维素和半纤维素首先被降解,随后是构成植物细胞壁骨架结构的木质素,最终这些有机质大多被降解分离,剩余残渣为散乱分布的矿物质。EDS 分析结果显示各级氧化残渣中主要存在 Si、C 和 O 元素。随着氧化级数的增加,残渣中 C 元素含量显著降低,最终几乎全部消失,剩余无机残渣可能是 SiO_2。对残渣的系统分析结果与液相产物的各级萃取物的 GC/MS 和 FTIR 分析结果具有很好的一致性。溶剂萃取预处理对生物质逐级氧化的影响也得到印证。

NaOCl 水溶液对 RHP 和 WSP 生物质的降解过程可能基于多种自由基的氧化反应机理。纤维素的降解过程经历醚键断裂、糖单体开环、重新成环或断裂,生成呋喃、呋喃酮、环烷酮或短链脂肪醇、醛、酮或酸等小分子化合物。半纤维素的氧化降解过程与纤维素类似。NaOCl 可有效降解木质素,不仅能使苯环间的芳醚键断裂生成各种羟基、甲氧基和烷基取代的芳香族化合物,甚至能够氧化苯环结构,生成苯醌中间体,进而生成邻苯二甲酸。根据氧化产物各级萃取物的成分分析以及归类总结,可获得生物质中木质素单体的组成类型、比例,再根据单体间连接方式出现的频率,提出了稻壳木质素的结构模型。

CS_2 对含氮化合物、醛、酮、羧酸和酯类化合物具有很好的富集作用,尤其是对酰胺和吡咯烷酮而言,可能是以内 CS_2 中的 C=S 键与含氮化合物中的 C=O 键之间强烈的 π—π 相互作用。

　　NaOCl 逐级氧化可快速有效地将 RHP 和 WSP 中纤维素、半纤维素和木质素降解为小分子化合物,具有反应条件温和可控、能耗低、成本低和产物附加值高等优势,为揭示生物质分子结构和氧化降解机理提供科学依据,是农作物秸秆和农业废弃物开发利用的可行途径。

作　者

2016 年 12 月

目　　录

1 绪 论

1.1 研究背景及意义

化石燃料是人类获取能源和精细有机化学品的主要来源,随着世界工业和经济进入快速发展时期,对能源的消耗与需求也在逐渐增长,并且化石能源的价格不断上涨,能源紧张与短缺对世界经济和社会造成的影响越来越明显。显而易见,能源已经成为各国最重要的战略议题。全球已探明的石油、天然气和煤炭储量将分别在 40 年、60 年和 100 年左右耗尽。同时,化石能源被过度开采,利用过程中释放越来越多的能量和 CO_2 等温室气体,气候日益恶化,灾难性气候变化屡屡出现,地球生态面临越来越严峻的考验。当人类在为世界高速增长的科技与工业成就而沾沾自喜时,也将为环境污染和气候变坏而付出惨痛的代价。从可持续发展的观点来看,社会经济发展必须与生态环境协调一致。因此,寻求与环境友好和可再生的新能源形式将是解决能源与生态问题之间矛盾的必由之路。

低碳经济倡导低能耗、低污染和低排放的经济模式,是建立在充分发展阳光经济、风能经济、氢能经济和生物质能经济发展理念上的。它的核心思想是实现能源技术创新、制度创新与人类生存发展观念发生根本性转变,实质上是推动新能源利用方式,提高能源利用效率,提升清洁能源构成和追求绿色经济增长模式。从世界范围看,预计到 2030 年太阳能发电也只达到世界电力供应的 10%。因此,在从碳素燃料文明时代向太阳能文明时代(风能、生物质能实际上都是太阳能的转换形态)发展过渡的未来几十年里,低碳经济与低碳生活的重要目标之一便是节约化石能源的消耗,为新能源的普及利用提供充分有效的时间保障。

生物质是指任何源自动物、植物、微生物以及由这些生物体排泄和代谢的可再生或可循环的有机物质,主要为各种草本、木本植物以及城市生活垃圾中的有机废弃物、海藻和牲畜粪便等[1]。将生物质转化成固态、液态和气态燃料或其他形式的能源并加以利用的生物质能统称为生物质能源[2]。

生物质资源极为丰富。地球上的生物经光合作用每年产生约 1 730 亿 t 碳水化合物,若全部转化为能源使用,则相当于当前全世界能源消耗总量的 10~

20 倍。从广义上讲,生物质能是太阳能的一种形式,不仅是一种可再生能源,取之不尽,用之不竭,还可以转化为常规的气体、液体和固体燃料加以利用。生物质中的碳元素来源于大气中的 CO_2 气体,所以生物质能的使用不会造成大气层中 CO_2 气体总量的增加。生物质能的利用是一条实现 CO_2 零排放的道路,从根本上缓解了化石燃料带来的温室效应问题。另外,生物质中含硫和氮成分较低[3],灰分也较少,可看作绿色清洁能源。因此,生物质的能源与资源化利用具有广阔发展前景。

然而,目前能源利用还不到生物质总量的 3%[4]。进入 21 世纪后,世界各国都显著加快了发展生物质能源的进程,积极开发高效的生物质能利用新技术,以节省化石能源,为实现国家长期稳定和可持续发展的经济增长提供根本保障。美国、巴西、印度和日本等国家分别提出了能源农场、酒精能源计划、绿色能源工程和阳光计划等,均倡导采用生物质制备生物燃料,发展绿色环保能源经济。生物乙醇和生物柴油是目前生产和利用最多的生物燃料,其中在 2012 年产量分别在 900 亿升和 300 亿升,分别折合 8 000 万 t 和 2 290 万 t。美国、欧盟和巴西的生物燃料产量占世界总产量的 80% 以上,其中美国是最大的生产国。2000 年,美国政府颁布了《生物质研究与开发法案》,并以此为基础设立生物质研发委员会,由能源部和农业部共同行使工作职能,指导和协调生物质燃料研究领域各项任务以及建立相应的规章制度,以有效促进生物质燃料的研发和推广。由于美国以往采用玉米等粮食作物生产生物乙醇,降低了经济增长指标,该委员会便于 2008 年 10 月颁布《国家生物燃料行动计划》,提出要重点开发第二代(如林木等纤维素资源)与第三代(如海藻等)生物质能源,减少对第一代生物质能源(主要是粮食作物,如大豆和玉米等)的依赖程度。美国政府计划在 2020 年内将化石燃料的消费总量减少 20%,这也将从侧面推动生物能源的开发与应用。采用纤维素原料制备的生物乙醇是当前世界生物质燃料中最主要的组成部分。欧盟也提出到 2020 年生物燃料占运输燃料份额的 20% 以上。为摆脱过度依赖进口石油的窘境,巴西从 20 世纪 70 年代中期开始便实施世界最大规模的生物乙醇开发替代传统化石能源的计划,该国主要采用甘蔗作为原料生产乙醇。目前,生物乙醇燃料已占巴西汽车燃料消费总量的一半以上。德国、美国、阿根廷、巴西和法国等国家利用自身资源与技术优势,主要在生物柴油方面发展比较快,总产量增加迅速,产量分别在 280 万 t、250 万 t、240 万 t、230 万 t 和 190 万 t。德国和阿根廷已经建成了世界上最大的生物柴油装置,采用菜籽油为原料,单套年产能达到 11 万 t。

我国的生物质资源较为丰富,但在生物质能源综合利用方面起步较晚,目前仍以直接燃烧获取能量为主要利用方式。自 2005 年,我国先后颁布实施了《中华人民共和国可再生能源法》和《可再生能源中长期发展规划》,标志着我国生物质能产业的发展有了政策依据和法律保障,对于指导和协调我国生物质能产业的发展具有重要意义。据估算,我国每年产生林业废弃物和农作物秸秆约为9亿t和7亿t,若一半作为生物燃料使用,便折合约4亿t标准煤;此外,还有大量的油料作物,如小桐子和油桐等,可为生产生物柴油奠定基础。可利用我国现有生物质资源的三分之一,用以生产生物燃料和生物基树脂材料4 000万t的年生产能力,进而减少石油进口量,减缓对石油进口的依赖,提高国际竞争力,另外,还可每年减少排放约2亿t二氧化碳。因此,开发利用生物质能除了可以缓解能源危机外,还可减轻由石油进口而引发的经济与外交压力,对增加农民收入和改善农业结构也具有很大的推动作用。因此,发展生物质能对改善生态环境、提高资源利用率、保障国家能源稳定与安全、促进国民经济增长和实现可持续发展的强国之路都具有重大的现实意义。

由当前世界生物质能的利用形势可以看出,大多数国家均将生物质转化成高密度和高品质的生物燃料以作为能源使用作为主要发展方向,这是利用生物质能的有效途径。从化学角度上看,生物质是宝贵且优质的化学资源。生物质大多由纤维素、半纤维素和木质素(藻类生物质除外)组成,另外还含有油脂和氨基酸等。通过合适的降解和提取方法使生物质快速降解,可从生物质的降解产物中获得诸如多糖、烷烃、呋喃酮、醛类、酚类和芳烃等有机化学品,进而可替代石油化工产品,直接作为精细化工产业所需原料。另一方面,无论是生物乙醇还是生物柴油,均只是利用生物质中的部分组分(生物乙醇主要利用纤维素、半纤维素及多糖化合物,生物柴油主要利用油料作物中的脂肪酸),并未实现全组分的高效利用,造成了资源的浪费。此外,在生物燃料生产中,需要进行预处理、生物发酵或催化酯化等工艺,存在能耗高、过程复杂及反应条件苛刻及不易控制等问题。因此,开发清洁环保、经济合理和易于推广的生物质降解技术,从降解产物中获取高附加值化品也是实现其高效利用的理想方式[5]。

要实现生物质的能源与资源化综合利用,从能源和化学的角度考虑,必须了解生物质的组成结构,尤其是在分子水平上的微观结构。该课题也是近年来化学家和生物学家研究的热点和难点问题之一。众所周知,生物质主要以纤维素、半纤维素和木质素组成,然而它们之间的连接结构和生物生长过程中相互作用机制等尚不明确,尤其是木质素的复杂组成结构和形成机理等也都未形成统一的理论。本研究是在温和的反应条件下,采用非破坏性方法,使生物质得到逐步且有效地降解,并系统分析降解产物的组成及分布规律,以揭示木质素乃至生物质原始结构;推测降解反应机理,演绎生物质降解的一般历程;建立降解产物中各组分的分离方法,实现高附加值化学品的定向制备,进而为降解产物高效分离提供理论依据和技术保障。

综上所述,研发生物质全组分在温和条件下降解并制备高附加值化学品技术,对于提高资源利用率、减轻能源危机、发展绿色经济、提高农业收入和保护生态环境,都具有深远的推动意义。

1.2 生物质与生物质能源

1.2.1 生物质

生物质能源是可再生能源,是生物质通过直接或间接的光合作用,将太阳能以化学能的形式贮存在自身体内的一种能量形式。生物质被称作能源之源,因为煤炭、石油和天然气等传统化石能源也均是生物质在长期地质作用下转化而成的。

生物质的来源十分丰富,包括城市垃圾、有机废弃物、粪便、林业生物质、农业产品及其废弃物、水生植物和能源植物等。我国的生物质能主要来源于农业废弃物及农林产品加工废弃物、薪柴和城市生活垃圾等三个方面。如对这些生物质废料加以利用,生产基于生物质的产品,如生物燃料、有机化学品、建筑材料、电和热等,不仅可以减轻对环境的污染,更可以节约能源。当前,生物质的开发和利用以提供能源为主,将来的发展方向则是生产精细化学品作为石油化工产品的替代或重要补充。

1.2.2 生物质能源的特点

生物质能的利用量仅次于三大化石能源,是第四大能源,也是人类利用最主要的可再生能源之一,可直接作为能源利用或转化为其他形式的能量[6]。按完全燃烧热值计算,2 t生物质约相当于1 t标准煤。生物质能较传统化石能源[7-9]具有如下优点:

(1)可再生

生物质能来源于太阳能,是可再生资源。某些情况下可替代化石能源,可逐渐改善后者所带来的能源危机与环境问题。

(2)资源丰富

全球每年新产生的生物质能源约为世界总能耗的十几倍,然而生物质能在世界总能耗中所占比重不足五分之一。目前,生物质资源的利用还处于初级阶段,利用前景良好,潜力巨大。

(3)减缓温室效应

生物质的碳资源来源于大气中的 CO_2,其生命周期是一个封闭的碳循环。将其用作能源和化工原料替代化石能源,有助于减轻温室效应,减缓环境恶化。

(4)低污染

生物质中的氮、硫含量极低,是洁净能源,其燃烧过程产生可导致形成酸雨的气体很少,远低于排放标准;此外,燃烧时产生的灰分很少,且产生的灰烬不但具有保湿作用,还富含植物生长所需营养成分,可用作肥料促进农业增收。

(5)分布广泛

生物质的原料不易受世界范围能源价格波动的影响,几乎没有地域限制,尤其在一些发展中国家,使用液体生物质燃料,可减轻对进口石油的依赖所造成的经济和政治的双重压力。

(6)转化利用容易

生物质能开发利用形式较其他新能源(如太阳能、风能、地热能和潮汐能等)相对更容易普及,技术上的难题也相对较少;从开发的层次性上看,既可利用生物质能低层次的热能效应,又可转化为化学能、电力等高层次能源。

当然,生物质能也有其不可避免的局限性。生物质分布松散,一定程度上阻碍了生物质能的大规模开发利用;生物质形态复杂多样,从而导致其在运输过程中和处置的不便,增加了生产成本;生物质直接燃烧能量密度过低、灰熔点低和易结渣等。解决这些问题的有效途径是将生物质转变为高能量密度、高品质、便于处置和使用的气体、液体或固体燃料。另外,过高的生产成本也不利于生物质能进一步开发利用[10,11],难以调动生产积极性,现阶段的价格与化石能源相比还不具有竞争力。但是理应相信,随着科技的进步与利用技术的革新,可再生的生物质能源价格会稳步降低,而不可再生的化石能源的价格必将上涨。从长远的眼光看,生物质能源具有明显的优势,将来必会被大规模开发利用,进而取代化石能源。

1.2.3 生物质能开发利用技术

生物质能开发利用具有层次性,因此,根据所采用原料本身的性质特点和人们需求进行不同的选择,便产生了多种技术,主要分为直接燃烧、生物化学转化和热化学转化三大类。

(1)直接燃烧

直接燃烧是将生物质像化石能源一样作为燃料转换成能量的过程,是生物质能利用最早和最常见的方法。生物质在普通炉灶和锅炉中燃烧热效率一般较低,最高也很难超过60%。流化床锅炉对生物质燃料的适应性较好,这是因为燃料在流化床内停留时间较长,可确保完全燃烧,提高了锅炉效率,若改进燃烧设备和工艺,甚至可接近于化石能源的利用效率。并且,流化床锅炉的燃烧温度相对较稳定,燃烧完毕后也不易结渣,NO_x 和 SO_x 等有害气体的生成也较少[12],有益于环境的保护,符合国家的节能减排政策。

目前生物质的直接燃烧已不能满足对能量的需求,很多研究者正在探索更有效的获取能量的方式。将生物质与煤混合后直接燃烧,可显著提高燃烧效率,增加热值,又能降低有害气体的排放。这是由于生物质具有较强的活性,与煤混合燃烧表现出明显的协同作用。

（2）生物化学转化

生物化学转化主要是以厌氧消化和特种酶催化反应的方式对生物质进行降解改造的过程。沼气发酵是有机质在厌氧条件下，处于一定温度、湿度和酸碱度环境中，经过沼气菌群发酵生成沼气、消化液和消化污泥的过程。最终可提供的能源形式为沼气，是一种洁净的能源，具有显著的环保、经济和社会效益[13]。但这样的方式能源产出量低，投资大，大规模产业化实施困难，只适宜小规模的以环保为目的的污水处理工程或以有机易腐物为主要组成的垃圾堆肥过程[14]。利用生物发酵技术可以把生物质中的纤维素与半纤维素成分转化为乙醇，制取生物燃料，提高效率，但该过程转换速率过慢，条件苛刻，成本较高[15]。

（3）热化学转化

热化学转化过程主要有气化、热解和液化三种方式。

严格意义上讲，气化实际上是热解的一种形式[16]，是在高温条件下将生物质原料转换成气体，主要包含 CO、H_2、CH_4、CO_2 和 N_2 等[17,18]。气化所产生的可燃气体，可用于供热或发电等[19]。

在热解过程中，生物质经历无氧加热或缺氧不完全燃烧，通过原料用量、反应温度、系统压力、反应时间和加热速率等反应条件的调控，可使原料选择性地转化为高能量密度的气体、液体和固体产物[20-22]。加热速率和终温的不同决定了热解产物分布特点：低温慢速热解，焦炭产率较高；500～600 ℃的快速热解，加快反应速度可提高液体产物收率；低于 600 ℃，中等反应速率下的传统热解，气、液和固产物的收率基本上相当；高于 700 ℃的快速热解，气体产物收率占主要部分。研究表明，生物质在 500～600 ℃内的快速热解，产物中液体收率较高，综合应用指数也较高，可将能量利用最大化，被视为最有可能的取代化石能源的热解方式，因此生物质能源化利用研究大多集中于这一热解条件[23]。

生物质液化是生物质经历高温高压的热化学反应转化成高热值的液体产物的过程，实质是将固态的大分子有机聚合物转化为液态的小分子有机物质。液化主要分为三个阶段：①破坏生物质的宏观物理结构，弱化学键断裂，使其分解为大分子化合物；②将大分子链状有机物液化，使之溶解于反应介质或溶剂中；③大分子化合物在高温高压反应作用下经水解或解聚转化为小分子有机物[24]并溶解于液相中。常见的生物质液化方式有直接液化、与煤的共液化和超临界液化三种。

目前，采用生物燃料的燃烧发电，主要采用流化床燃烧技术，并已有相当的规模。循环流化床技术的生物质综合气化装置——燃气轮机发电系统成套设备，也实现了生物质的高效、洁净利用。各国都在为生产以生物乙醇和生物柴油为主的生物燃料为主要利用方式。目前，各种形式的生物质能占美国消耗总能

源的 4%,占可再生能源总量的 45%[25]。欧洲许多国家也相继出台政策法规,鼓励生物质能的研究和开发,并且给予适当的财政支持,刺激生物质能源利用的发展[26]。其中,德国和法国发展最快。我国生物质能开发相对落后,但多家高校及科研机构在研制生物质利用装置上都相继取得了一系列的成果,在将生物质转化为高品质能源技术的研制和开发上也取得了一些进展,如生物质气化、解聚和致密成型等,其中生物质的气化已进入实际应用阶段,尤其是在生物质气化集中供气技术和中小型生物质气化发电技术方面更取得了较大进展[27]。

1.2.4 生物燃料

从世界范围的发展来看,生物燃料主要以生物乙醇和生物柴油为主,用以替代源自石油化工所生产的汽油和柴油,也是当前可再生能源的开发利用中重要的组成部分。近年来,又逐渐发展了生物质裂解油和生物质合成气等生物燃料。

生物燃料具有原料与产品上的多样性,不仅作为能源替代化石能源进行供热和发电,还可生产高附加值化学品原料,形成新型的生物化工产业链,这是其他可再生能源难以比拟的。正因为如此,生物燃料的发展,可有效抑制原油价格,世界能源短缺国家或发展中国家可通过自主生产生物燃料,缓解对进口石油的依赖,进而改善人民生活。若采用农作物秸秆或农业废弃物为原料生产生物燃料,可以开拓新的农业结构组成,推动农村经济发展,增加农民收益。

(1)生物乙醇

生物乙醇是生物质在微生物发酵作用下降解转化成的燃料酒精。目前,它已经广泛用作汽车燃料,既可单独使用,也可与汽油混配。世界各国竞相探索替代石油燃料的新能源。在生物乙醇替代运输燃料方面,美国、巴西和欧洲国家走在世界的前列。我国的生物乙醇的产量已达到 300 万 t,总消费量也已达到汽油消费量的 20%。

美国主要采用玉米和甘蔗等作物为原料生产乙醇,这样造成了粮食作物的减少和为此而付出水资源,应用前景大打折扣。为了生产生物乙醇,美国将其玉米收成的约一半都消耗掉。如 2010 年用于生产燃料乙醇所消耗的玉米达 1.28亿 t,这大约相当于全球玉米总产量的四分之一。巴西主要采用甘蔗生产生物乙醇,大约消耗其甘蔗生产量的 50%。这些现状表明,生物乙醇的生产受到原料的严重制约,尤其是作为第一代原料的粮食作物等,市场波动较大。因此,迫切需要开发新的生物乙醇生产原料,发展第二代和第三代生物乙醇制备技术,以拓展生物乙醇开发利用空间。

(2)生物柴油

21 世纪初,受全球原油价格持续上涨和环保标准的双重压力,世界各国越来越重视发展生物柴油产业。将富含油脂的生物质经由热裂解等过程获取长链脂肪酸后,再将其与醇(甲醇或乙醇)通过酯交换工艺制备脂肪酸单烷基酯,所制备燃料油成为生物柴油,它可代替石油化工产出的柴油用作燃料。目前,生产生物柴油的原料包括油料作物、微藻等水生植物、动物油脂和餐饮回收垃圾油等。生物柴油是由众多复杂有机化合物组成的混合物,含有醚、醇、醛、酮、酚和有机酸等化合物,含氧量极高,组分分子量也较高。与传统的化石能源相比,生物柴油中的硫和芳烃含量较低、闪点高、燃烧值高,并且润滑性优良。

欧盟 80% 以上的生物燃料是以双低菜籽油为原料的。美国和巴西则主要以大豆为原料,近年来逐渐发展了微藻生物柴油制备技术。我国在海南、贵州、四川和内蒙古等建立了生物柴油的产业化示范工程,主要以木本油料作物(如小油桐)、餐饮回收垃圾油和微藻油脂为原料。从世界生物柴油产量分布来看,在 2011 年,全球生物柴油总产量达到 2 290 万 t,其中欧盟为最主要的产出地区,占一半以上;南美地区(以巴西为主)占 24%,亚洲占 13%,中北美地区为 11%。

然而,生物柴油的生产依然面对与生物乙醇同样的问题,即与粮食供给、农业发展和市场导向相抵触。据统计,全球每年用于生产生物柴油的豆油(全球的 20%)、棕榈油(阿根廷的 90% 以及东南亚的 30%)和菜籽油(全球的 20% 及欧盟的 75%)占产量的较大份额,这可能会导致全球农产品市场的波动和影响农业的发展方向。

(3)生物质裂解油

生物质在完全缺氧情况下快速热解,主要产物为初级液体燃料——生物质油,此外还有少量的焦炭和可燃气体。生物质在溶剂介质中发生热化学反应形成液体产物,一般是将生物质和一定的溶剂及催化剂置于高压釜中,通入氢气和惰性气体,在适当的温度和压力下将生物质直接液化。它从本质上讲是具有一定特性的物料在一定条件下(如温度、压力、催化剂等),在具有一定传递特性的体系中(如热量、动量、质量传递等)发生特定化学反应的过程。可通过改变溶剂以及液化条件、加入催化剂及氢气等促进液化产物的生成,改善液体产物的性质。影响生物质热解液化的主要工艺参数是加热速率、反应温度、气相滞留时间和高温有机蒸汽的淬冷[28]。

生物油的制备方法主要有[29]:① 快速热解法,即在常压、超高加热速率($10^3 \sim 10^4 \, ℃/s$)、超短停留时间($0.5 \sim 2 \, s$)和适中温度($500 \, ℃$左右)的条件下,生物质热裂解生成含有大量可冷凝有机分子的蒸气,蒸气被迅速移出反应器(防止可冷凝有机分子进一步热裂解为不可凝气体分子)进行冷凝,可以获得大量液体燃料、少量不可冷凝气体以及炭。② 直接液化法,即将生物质与合适的溶剂和催化剂置于高压釜中,通入氢气或惰性气体,在适当的压力和温度下将生物质直接液化。首先将粉碎的生物质与溶剂、催化剂,在 $250 \sim 400 \, ℃$ 温度下液化为初级液体产物,然后在高压(15 MPa 左右)条件和催化剂(促进还原气的脱氧作用)的作用下,使用还原性气体(如 H_2 或 CO)脱去初级液体产物中的氧,得到较高质量的液体燃料。直接解聚得到液体燃料的氧质量分数较低,而质量产率可高达 35%～70%,热值一般约为 40 MJ/kg。直接液化需要通入高压还原气,使用不同溶剂,对设备有一定要求,成本较高,使用受到一定限制。③ 生物质与煤共液化,可以利用生物质中的氢元素提高煤液化的产率,无论从技术方面还是经济方面都优于二者的单独液化[30]。煤与木质素共液化时,可降低煤液化的温度;所得到的液化产品质量得以改善,增加了液相产物中低分子量可溶物的生成。生物质的供氢作用是防止来自煤中自由基重组,减少炭的生成量,增加液体产量,同时降低产物的不饱和度,增加热值,提高所得产品的质量。④ 超临界液化法是在水或醇等溶剂的超临界条件下,利用热解和溶剂萃取的双重作用,使生物质结构单元降解,达到制备高附加值燃料的目的。

为了更好地研究液化机理,将生物质组成成分进行单独液化,然而在实际应用中不可能将生物质分成单组分后再进行液化,而是对生物质全成分进行液化。在生物质液化中通常添加一些溶剂,常用的有水、醇、酮、有机酸、四氢萘、酚和酯等,作为供氢剂向液化体系提供氢源,同时分散生物质原料并抑制生物质组分分解所得中间产物的再缩聚[31]。溶剂的种类和用量等均对生物质液化反应产物的分子量分布、产物中固体残留物的含量以及液化反应速率产生重要的影响[32]。结果表明,混合溶剂可以改善生成的液体产物的组成,提高生物油的比例。在高压下也可以获得更高的总收率和液体收率[33,34]。国内外大多数研究者都在寻找更合适的溶剂来液化生物质,并探究更合适的反应条件。目前可以看到低碳醇、酮及水都是较好的液化生物质的溶剂,也是研究的重点[35-37]。

以生物质裂解制备的生物油是非均相体系,是由水和水溶性组分形成的连续相以及以微乳液的形式存在不溶于水的木质素裂解物组成,一些油水两亲的组分充当乳化剂保持了其稳定性。一般是包含水分和固体炭颗粒的复杂有机混合物,呈棕褐色至黑色,具有刺激性气味等。原材料、液化装置及技术和热解温度等决定了生物质油的性质。生物质油具有密度大、能量密度高、黏度大、易结焦、含水量大、含氧量高、酸度高、燃烧特性较差以及热稳定性差等特点[38-52],一般需经过处理和提质[53-60]方可作为燃料使用。

1.3 生物质结构研究进展

生物质的基本结构大多由纤维素、半纤维素和木质素(海藻除外)组成,此外还含有蛋白质、氨基酸、脂类和无机物等。不同地域和不同种类的生物质,结构差异很大;即便是来自同一植物,不同部位甚至不同生长时期,其结构组成也有明显差异。因此,开发非破坏性的降解方法,研究生物质的结构组成,为生物质高附加值开发利用提供理论依据和技术保障。

1.3.1 纤维素

植物通过光合作用,每年约能生产出 500 亿 t 的天然纤维素,这是当前工业纤维素的可靠来源,也是唯一来源。作为天然高分子化合物,纤维素以 D-吡喃式葡萄糖基作为最基本结构单元,基本结构单元间以 β(1-4)糖苷键连接(图1-1),其分子式为 $(C_6H_{10}O_5)_n$,n 为聚合度,一般大于 10 000。因此,可以计算得出纤维素元素组成,即含碳为 44.44%,氢为 6.17%,氧为 49.39%。数千个葡萄糖分子结合成为纤维素大分子,而各纤维素大分子则通过氢键作用形成更大的聚集体。纤维素分子中的醚键(C—O—C 键)键能比 C—C 键弱,易发生断裂而导致纤维素的降解[61]。在生物质的开发利用技术中,大多是利用 C—O—C键的断裂。

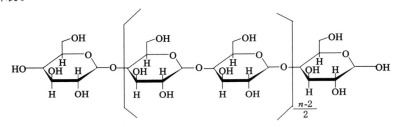

图 1-1　生物质中纤维素的结构式

纤维素分子中每个基本结构单元均有 3 个—OH,不同的纤维素大分子之间极易通过醇羟基的相互引力和氢键作用而聚集为高级结构,即超分子结构。该超分子结构附着于植物细胞壁,而细胞壁与起细胞支撑作用的木质素结合[62],共同对植物体起到保护作用。羟基—OH 可形成分子间氢键和发生吸水溶胀等,还可以发生氧化、水解、醚化、酯化和聚合反应,因此对纤维素分子的物理和化学性质都有决定性的作用。

1.3.2 半纤维素

笼统来说,半纤维素是植物中除纤维素、淀粉和果胶质等成分以外的碳水化合物。它由多种糖单元构成,聚合度一般为 50~200,远低于纤维素;常含有支链,并因在单糖基、连接方式和聚合程度上的差异而形成众多结构的多聚糖。半纤维素是一类多糖化合物的统称,结构与组成较纤维素复杂得多,其单体主要有:戊糖(D-木糖和 L-阿拉伯糖)、己糖(D-甘露糖、D-半乳糖和 D-葡萄糖)、4-O-甲基-D-葡萄糖醛酸、D-半乳糖醛酸、D-葡萄糖醛酸,及 L-鼠李糖和 L-岩藻糖。

基于独特的分子结构,半纤维素的化学反应活性稍高于纤维素,可发生相似的化学反应类型。通过热重分析可知,半纤维素的热解集中在 250~340 ℃内[63-65]。

麦秆中的半纤维素分子主要以阿拉伯糖葡萄糖醛酸木糖聚合，D-吡喃式木糖结构单元以β(1-4)苷键连接形成主链，L-呋喃式阿拉伯糖单元和D-吡喃式葡萄糖醛酸单元分别连接于主链木糖单元的C_2和C_3上形成支链，其化学结构如图1-2所示(其中Xβ为β-D-吡喃式木糖单元，L-Aα为α-L-呋喃式阿拉伯糖单元，GAα为α-D-吡喃式葡萄糖醛酸单元)。稻草中的半纤维素主要是聚阿拉伯糖葡萄糖醛酸木糖，类似地，其结构式如图1-3所示。

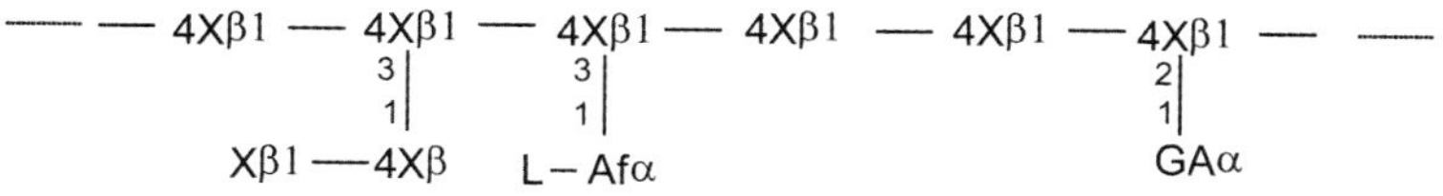
4Xβ1 — 4Xβ1 — 4Xβ1 — 4Xβ1 — 4Xβ1 — 4Xβ1
3 1
Xβ1 —4Xβ
3 1
L-Afα
2 1
GAα

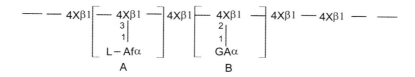

图 1-2 麦秆生物质中半纤维素的结构式

4Xβ1 — 4Xβ1 — 4Xβ1 — 4Xβ1 — 4Xβ1 — 4Xβ1
3 1
L-Afα
A
2 1
GAα
B

图 1-3 稻草生物质中半纤维素的结构式

1.3.3 木质素

木质素约占木质纤维素类生物质原料干基质量的15%～40%[66]，可为植物细胞提供足够的强度和硬度，具有避免生物侵害和水的侵蚀、抗菌、抗氧化、抗吸收紫外线和阻燃等功能。因此，木质素稳定性较高，自然降解速率缓慢。木质素的三维空间交联结构使植物细胞壁具有足够的强度以保护植物细胞。不同类型的植物的木质素含量不同，木质素通过一定的共价键和氢键与纤维素和半纤维素交联在一起。

一般而言，木质素主要含有对羟苯基丙烷(H)、愈创木基丙烷(G)和紫丁香基丙烷(S)三种单体，对应的前驱体分别是香豆醇、松柏醇和芥子醇。木质素是这些单体通过脱氢聚合，由C—C键和C—O键等无序连接组合而成。大量的分析结果表明，针叶材木质素主要由G结构单体组成，阔叶材木质素主要由G和S结构单体组成，而非木材纤维木质素主要由H、G和S三种结构单体组成[67]。一般针叶材、阔叶材和草本植物中的木质素含量分别为27%～33%、18%～25%和17%～24%。然而，木质素化学组成与结构的准确信息的把握依赖于其来源、所采用的处理方法和分析手段[68,69]，即由于木质素源自于不同的植物体或植物中的不同组织和部位，木质素的分离提取方法的差异以及分析检测手段的针对性等都将影响分析结果,从而导致所推测的木质素结构也有所不同。图 1-4 为白杨磨木木质素(milled wood lignin,MWL)的典型结构模型[70]。

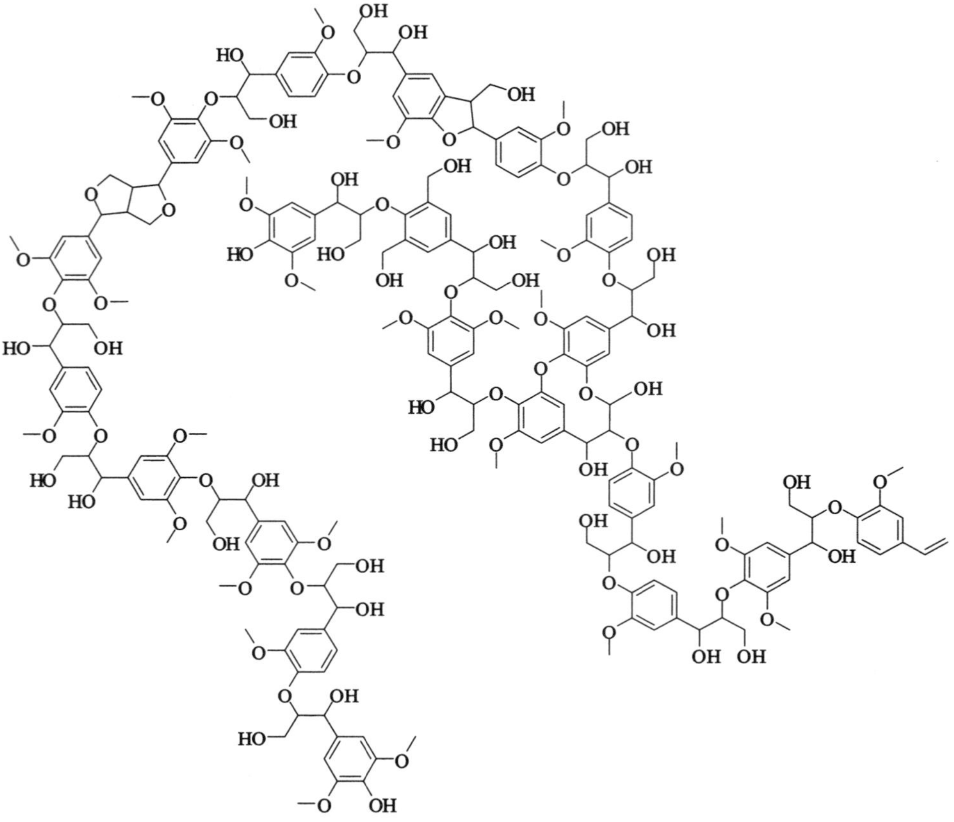

图 1-4　典型木质素的结构式[70]

　　木质素的分离方法可分为物理法(如研磨)、溶剂分馏法(包括有机溶剂溶胶法、磷酸法和离子液体法等)、化学法(酸法、碱法和氧化法)和生物法(如用真菌处理)。所得木质素的结构和化学组成常因处理方法和条件(如温度、压力、溶剂种类和酸度)的不同而有所差别[71]。

　　酸解法主要通过降解纤维素得到乙醇,残留的木质素作为副产品[72],也是产生工业木质素的主要方法。该法降解速度较快,但条件苛刻,木质素产率也较低;所得木质素价格低廉,纯度较差,若提高酸度有利于木质素的分离。采用96％的二氧杂环己烷萃取研磨后的木材得到的木质素称为磨木木质素。为了提高木质素收率,F. Lu 和 J. Ralph[73]将乙酰化的 MWL 溶解于 N-甲基咪唑/二甲亚砜混合溶剂中,再利用 NMR 进行全木素的组分分析。碱法制浆(kraft lignin, KL)是应用最为广泛的化学制浆方法,所得木质素被称为"黑液"。通常在150～180 ℃和高pH值下采用大量的NaOH和Na_2S水溶液降解木质素。若苯丙烷的β位上有很好的离去基团,则主要是β-芳基醚键的断裂[74]产生的。KL中硫含量较高,可通过酸化得到较为纯净的木质素沉淀,并且可以降低硫含量,但不能用于生物精炼。在制浆过程中生成二苯乙烯,推测是苯基香豆满结构中的α-芳基醚键断裂得到的产物[75]。实际上,从原子层面来看,碱法制浆过程是在缺电子的共轭或羰基结构上发生了亲核反应,而漂白过程是在苯环及不饱和侧链等富电子基团上发生亲电反应。用亚硫酸盐磺化木质素得到可溶性的木质素磺酸盐(lignosulfonate, LS)进而实现与纤维素和半纤维素的分离。常用甲醇、甲酸、乙醇和乙醇/水等作为溶剂萃取生物质[76,77],分离效果较好,所得木质素的纯度较高,分子量较低,疏水性好,有望得到高附加值利用[78,79],并作为生物精炼的良好原料[80]。若采用二氧杂环己烷作为溶剂,可使木质素很好地保持其原有结构。因为无硫参与,反应条件也极为温和,通常认为有机溶剂萃取法是环境友好的方法。然而,需要有效解决溶剂回收的问题。

武书彬和D. S. Argyropoulos等[81,82]提出了酶解/温和酸解提取木质素的方法(enzymatic/mild acidolysis lignin, EMAL)。该方法首先采用KL或丙酮抽提MWL为原料进行纤维素酶酶解,然后在温和酸性条件下进行溶剂抽提(二氧六环与水的稀盐酸溶液)。所得木质素具有较高的收率(70%)以及纯度(95%),均远高于传统的MWL;此外,木质素大分子化学结构能够保持原有特性[81-83]。EMAL方法可有效将木素与碳水化合物间的化学连接在温和条件下选择性地打开,是高效和经济的新型方法,为木质素结构研究与高效分离提供了保证。目前EMAL方法已经成功用于木材(云杉和白杨等)与非木材纤维原料(稻草、麦草、玉米秆和蔗渣等)的预处理中,为木质素结构、热解特性和热解产物研究以及利用提供原料[84-93]。该法作为优质洁净木质素的制备方法,具有良好的应用前景。

木质素通过单体与单体、单体与低聚体和低聚体与低聚体之间以不同的连接方式偶联在一起。从单体自身的结构看,丙烷基的α、β和γ位碳与苯环上的各位碳的反应活性各异且化学键连接原子不同而生成C—C和C—O键,相应可形成的主要连接方式包括图1-5所示的β-O-4、α-O-4、4-O-5、β-β、β-5、5-5和β-1结构[94]。

β-O-4连接方式在阔叶材和针叶材的木质素中所占比例最大。例如,该连接方式在云杉中约占50%,在桦树和桉树中约占60%。G结构单体约占阔叶材木质素单体的90%,约为针叶材木质素中G和S结构单体的总和[95]。S结构单体在苯环上存在较多的甲氧基,由于空间位阻效应抑制可发生支链交联反应的5-5′和二苯并二氧桥松柏醇连接方式的出现,因此针叶材木质素较阔叶材木质

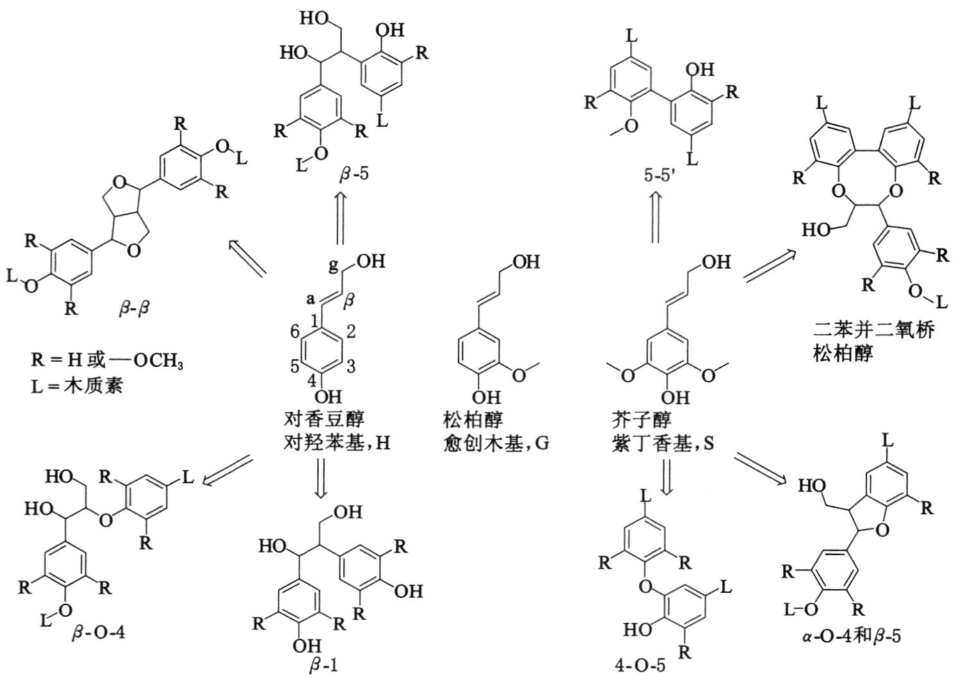

图 1-5　木质素主要的前驱体及其连接方式[94]

素具有更多的线性结构。β-O-4 也是最容易降解的连接方式，大多数木质素分离原理均是基于此连接的断裂。

　　一直以来，普遍认为木质素的聚合过程源自单体的自由基氧化反应（如过氧化物酶或漆酶催化的脱氢作用），即首先形成酚类自由基，然后在化学反应条件控制下经由自由基之间的无序偶联反应通过共价键结合成二聚体（如木质素单体自由基倾向于 β 位的偶联反应，生成 β-β，β-O-4 和 β-5 连接的二聚体），最后经无序结合形成空间结构[68,96]。自由基偶联反应以化学组合方式进行，因此产物依赖于单体与反应基质的化学结构和生物质细胞的内在条件。生成二聚体后，再经脱氢化作用生成酚基自由基，与另外的单体偶联聚合，如此反复经链增长反应逐渐使木质素分子变大[96]。大量的研究结果均表明，木质化过程由聚合反应本身决定，主要由化学动力学控制，即受单体的供应、自由基产生能力以及细胞壁附近反应条件的影响[96]。S. Sarkanen 教授研究组[97,98] 及 L. B. Davin 和 N. G. Lewis 教授研究组[99-101] 认为木质化过程并非是完全无序和任意组合的，而是遵循一定的模板复制规律。他们认为，之所以得到木质化过程是无序组合方式的错误结论是受到分析测试手段的限制和缺乏精确严格的定量分析，并且对于实验的设计与产物检测程序也不够完善[100]。然而，这种木质化新理论也存在一些问题无法规避,如无法明确阐述这些引导蛋白进入木质化区域并发挥作用的详细机制,无法解释木质素的整体外消旋性和酶反应调控的生物合成过程等。

纤维素和半纤维素已广泛利用于造纸、制糖和诸如生物乙醇等燃料的生产。然而,作为仅次于纤维素储量的天然可再生资源的木质素却未得到有效和合理利用。全世界每年产生大约 1.5 亿~1.8 亿 t 工业木质素,其中只有不到 2% 被利用,主要以木质素磺酸盐的形式用作建筑材料的添加剂,绝大部分作为廉价燃料烧掉或任意排放,不仅造成了资源浪费,还带来了严重的环境污染。

研究木质素的化学组成与结构的最终目的是有效和合理利用木质素。然而,目前木质素主要的应用仅作为热源直接烧掉或作为黏合剂和表面活性剂用于建筑材料中。木质素及其改性衍生物以其独特的性能开始用于共混材料、高效液体燃料、高分子聚合树脂、碳纤维和精细化学品等制备。

通过定向降解可从木质素中得到 BTX、酚类化合物、$C_1 \sim C_3$ 脂肪族化合物、C_6 和 C_7 的脂环族化合物等(图 1-6),以减少旨在获取这些化学品的石油的用量[102]。若将木质素降解为各种单体,则需要高选择性降解手段,涉及的技术难度很大。从木质素中获取高附加值化学品的方法中较为常用且具有良好应用前景的有热裂解、醇解、超临界萃取、溶剂萃取和柱层析。如果将这些方法结合,配合催化剂的使用,可获取分布较为集中的化学品。

1.3.4 其他成分

(1)氨基酸与蛋白质

氨基酸是重要的生命物质。蛋白质是众多氨基酸分子通过脱水缩合,形成肽键连接并按照一定的顺序排列弯曲折叠、具有复杂空间结构的高分子化合物。蛋白质是天然的多肽,结构复杂,分子量(相对分子质量)在 10 000 Da 以上。蛋白质为生命起源提供了最重要的有机物质基础,生物机体中的所有细胞及重要组成部分均有蛋白质参与。在水解、氧化或高温条件下,蛋白质可降解为液态或气态化合物,如氨基酸、吡喃、吡啶和卟啉等含氮化合物。

(2)脂质

脂质化合物不溶于水,但溶于烷烃、丙酮、乙醚和苯等有机溶剂。植物中的脂质通常包括脂肪、树脂、蜡质、类脂、类固醇和角质等。脂肪是长链脂肪酸的甘油酯,常存在于油料作物和微藻中,某些藻类体内脂肪含量甚至可达 85%。高等植物中脂肪含量逐渐减少,一般仅为 1% 左右,并且多集中在种子中。某些植物在生长过程中会分泌大量的树脂,其主要成分是二萜和三萜类化合物及其衍生物等,它们大多化学性质稳定。植物体内的蜡质主要成分是长链脂肪酸和高级一元醇形成的酯类(如甘油硬脂酸类),成分比较复杂,通常分布在茎、叶和果实表面,化学性质也十分稳定。角质是脂肪酸经脱水或聚合后的产物,是含有

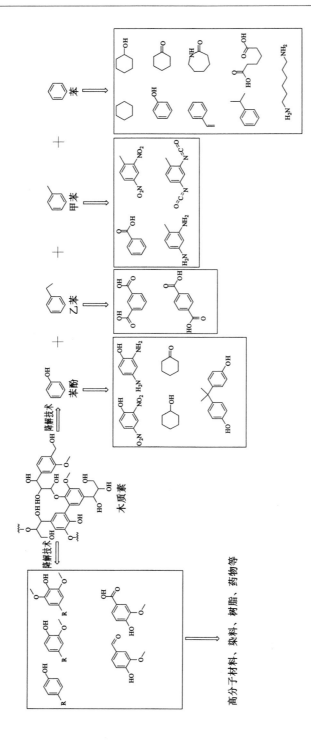

图1-6 以木质素为原料可制备的高附加值化学品[102]

$C_{16} \sim C_{18}$ 的角质酸,主要存在于植物的叶、嫩枝和果实的表皮中。

1.4 农作物秸秆及农业废弃物利用技术现状和研究进展

生物质气化是将固体农作物秸秆生物质置于气化炉内施以高温,并同时通入空气、氧气或水蒸气用以调节系统内的元素比例,提高产物中可燃气体(主要是合成气 CO 和 H_2)的品位。气化炉主要有固定式、流化床式和旋转床式三种类型[103,104]。气体产物经过处理后可用于生产煤气、制氢或合成气、制备有机化学品(通过间接液化)和发电等不同用途,提高用能效率,节约能源。

生物质液化分为直接液化和间接液化。直接液化是把农作物秸秆置于高压设备中,通过高温操作使其成为液体产物的过程。液体产物经处理加工可作为燃料或生成高附加值化学品原料。间接液化是首先将农作物秸秆生物质气化,再由气体产物经历化学反应生成液态化合物的过程。为提高液化产率,增加液体产物中可燃元素含量,常采用 H_2 加压的方法,在 Co-Mo 和 Ni-Mo 系加氢催化剂条件下,采用廉价的醇和酮等溶剂对农作物秸秆生物质进行加压液化。产品液化产率可达 80% 以上,热值可达 $25 \sim 40$ MJ/kg[63]。

近年来,生物质热裂解成为生物质开发利用技术中最为活跃的领域之一,是一种非常具有开发前景的技术[20-28],在生物燃料技术中所占的比重越来越大。尤其是快速热裂解技术,所得生物质油产率可达 70% 以上。然而,生物油也存在许多不利于其应用的制约因素,如能耗高、酸度高、热不稳定性和含氧量高等。因此,开发生物质裂解油的提质、分离和定向制备技术就显得尤为重要。

生物质的超临界液化是一种集加压、高温裂解和溶剂萃取等作用于一体的液化技术,而超临界液化在密度、黏度和扩散系数上有独特优势。在溶剂类型和物料比确定的情况下,超临界液化过程只需要控制温度、压力、密度、溶解度、相状态和介电常数等物理性质即可,进而实现生物质的高效转化[64]。在对多种来源生物质的超临界液化研究中发现,随着原料中木质素含量的增加,液体产率将降低,而生成的焦油残渣逐渐增加[65,105,106],原料中的纤维素含量与液化产率正相关[107]。

水是生物质超临界液化中选用较多的溶剂[108-116],能收到令人满意的转化产率;并且由于常温下水与液化油互不相溶,最终产物与溶剂的分离就变得相对简单。农作物秸秆液化得到的液体产物主要组成为醇类、呋喃类、醛类、酮类、苯酚和羧酸及衍生物[117,118]。

有机溶剂尤其是低碳醇(如甲醇、乙醇、乙二醇和丙三醇等)具有比水更低的临界温度和临界压力,能够为农作物秸秆的超临界液化提供更为温和的降解条件,液化油中组分分子量相对较大,生物质组成信息相对完整[119-126]。M. M.

Kucuk 等[127]用 NaOH 作催化剂,采用超临界甲醇和乙醇将木屑转化为液体产物,在 290 ℃时转化率分别为 38.7％和 53.6％。A. Demirbaş[128]将丙三醇用于生物质的超临界溶剂液化,产物中不溶物的最高收率可达到 68.4％;包括溶剂在内的液体产物可直接作为燃料使用,将其混入汽油中即可防止低温时发生相分离,又可提高汽油的辛烷值。

目前,生物质加压液化过程中常用的催化剂包括酸和碱等均相催化剂及其金属和负载型金属等多相催化剂。均相催化剂使用最多的是酸和碱。酸催化剂中强酸效果较好[129,130],但腐蚀性太强。过渡金属催化活性较好[65,131-133],但成本高。碱可以促使纤维素膨胀,破坏其结晶结构,从而使大分子断裂、裂解,提高反应速率;碱还可以抑制降解中间物的再缩聚结焦反应[134]。碱催化剂中碱性较强的 KOH、NaOH、Na_2CO_3 和 K_2CO_3 等均有较高的催化活性[130,133,135],以超临界水为溶剂时,秸秆转化率达 95％,液体产品的收率达 75％,同时还改善了液体产品的质量[136-138]。

1.5　有机质的化学氧化降解研究进展

生物质能源和化石能源的开发利用均是以生产燃料和有机化学品为主要目的,科学家们经过多年的研究发现:用于煤、重油等复杂样品体系的预处理方法、降解技术、分析检测手段和提质分离工艺等均可移植到生物质技术中[45]。本研究采用温和条件下化学氧化降解的方法对农作物秸秆生物质进行降解,便是借鉴煤的化学氧化降解研究成果。因此,煤的氧化解聚是研究煤的组成结构和以煤为原料获取含氧有机化学品的重要手段,同时还被广泛应用于煤的脱硫研究。目前国内外学者已经用不同方法进行了大量探索,氧化方法主要包括 H_2O_2 氧化、氧化性酸氧化、O_2 氧化、O_3 氧化、RuO_4 氧化和 NaOCl 氧化等。

1.5.1　H_2O_2 氧化降解

K. Mae 等[139]用 30％ H_2O_2 于 60 ℃下氧化澳大利亚 Morwell 褐煤 24 h 后,发现 0.60 kg/kg 的煤转化为水溶性有机物,其中 28％为草酸和乙酸。针对煤中的水溶性大分子物质进一步解聚进行考察,发现采用 Fenton 氧化可使 50％的水溶性大分子产物进一步降解为小分子,而通过超临界水解可得到 12％的苯和 24％的甲醇。K. Mae 等[140]用 H_2O_2 预氧化褐煤及其热解产物,氧化后各煤种二甲基甲酰胺萃取率高达 90％,将萃取物进行 FTIR 分析,发现热解后的煤中脂肪碳含量升高,而氢键作用减弱。T. Wang 等[141]在实验室规模的半连续装置中,考察了超临界状态下煤的 H_2O_2 氧化,认为延长反应时间、提高反应温度和提高氧化剂浓度对反应具有很好促进作用,在 420 ℃、25.0 MPa 的反应条件下,采用 5.0％ 的 H_2O_2 溶液,反应 20 min 可使煤中 82.1％ 的有机质转化为水溶性产物。N. Deno 等[142]在 50～70 ℃ 温度区间内,使用 CF_3COOH 和 H_2O_2 氧化褐煤,产物中脂肪酸和甲醇产率达到 15％。

一般认为煤的 H_2O_2 氧化为自由基反应,反应过程中酯键、醚键等水解生成羧酸、醇和酚等,因此可获得高收率的有机小分子产物或者高的溶剂萃取率。

1.5.2　HNO₃ 氧化降解

H. G. Alamo 等[143]对浮选后的 Mezino 煤使用 HNO_3 氧化进一步脱硫,通过考察各反应条件,发现反应温度为 90 ℃ 时,使用 30％ 的 HNO_3 氧化浮选后的煤,可在原煤浮选脱硫脱灰的基础上,进一步降低浮选煤 75.4％ 的硫含量和 53.2％ 的灰分含量。R. Pietrzak 等[144]分别使用 CH_3COOOH、5％ HNO_3、0.5 mol/L Na_2CO_3 溶液中的 O_2 和空气对不同煤阶和不同硫含量的煤进行氧化,得出结论:随着煤阶的升高,煤的反应活性降低,同时水溶性产物收率降低,但高硫褐煤反应活性较差;HNO_3 和 CH_3COOOH 可很好地降低煤中硫含量,但煤的 HNO_3 氧化副反应较多。M. O. Zhumanova 等[145]将 Angren 褐煤用 HNO_3 和 H_2SO_4 的混合溶液氧化,考察 2 h 下不同氧化剂浓度、不同反应温度和不同氧化剂用量对煤氧化的影响,以期获得较高的腐殖酸收率和较低的氮损失,发现当反应温度为 50 ℃,煤与 HNO_3 质量比为 1∶2,以及 HNO_3 与 H_2SO_4 浓度分别为 30％ 和 10％ 时,反应 2 h 可取得较好的氧化结果,得到 66.34％ 的腐殖酸、3.70％ 的棕黄酸和 9.16％ 的水溶性产物。

1.5.3　O₂ 与 O₃ 氧化降解

M. Kurkova 等[146]考察了褐煤和烟煤在 O_2 氧化下腐殖酸的生成情况,发现随着反应温度的升高,生成的腐殖酸中芳碳含量升高,以烟煤为例,当反应温度由 150 ℃ 升至 250 ℃ 时,腐殖酸中芳碳含量由 78％ 升至 87％。相同温度下,褐煤氧化所得的腐殖酸中芳碳含量远低于烟煤氧化所得的腐殖酸中芳碳含量,但褐煤腐殖酸中 Fe、Al 和 Si 等元素含量高于烟煤腐殖酸中对应元素含量。T. Oshika 等[147]采用二步法 O_2 氧化煤焦油沥青,通过优化反应条件,水溶性苯甲酸类化合物收率可达 51％～79％,其中苯甲酸含量高达 40％～50％。

Y. F. Patrakov 等[148]使用 O_3 处理煤中镜质组分,观察氧化过程并对氧化后煤的液化效果进行考察,得出结论:O_3 氧化可增加低阶和中阶煤中中性氧原子(醚和醌)的含量,而高阶煤中可增加酸性氧原子(酚和羧基)的含量;氧化过程中,中阶煤氧化活性最高,他认为这一方面是由于中阶煤自身有机质结构的原因,同时还与中阶煤的多孔结构有关;O_3 氧化可使煤中大分子部分解聚的同时促进煤中弱键的形成,进而达到提高煤液化产物中低质组分收率的效果。S. A. Semenova 等[149]将 O_3 用于腐殖酸改性,同时考察褐煤的 O_3 氧化,认为褐煤的氧化可用于制备多功能腐殖酸产物,而通过使用 O_3 直接氧化腐殖酸可增加腐殖酸中羧基含量,因此可用于腐殖酸改性,同时在极性有机溶剂中,通过 O_3 氧化可使褐煤中 90% 的有机物转化为可溶性组分,该方法可用于制备苯多酸类化合物。

1.5.4　RuO_4 氧化降解

已有的研究表明:煤中大分子结构的主体被认为主要是由亚甲基桥键连接起来的芳香簇以及连接在芳香簇上的链长不等的脂肪族侧链结构共同构成的三维交联的共价键结构,明确连接在芳香簇上的亚甲基桥键和脂肪族侧链以及芳香簇的组成和分布是理解煤分子结构的关键。C. Djerassi 和 R. R. Engle[150] 首次发现 RuO_4 是一种高效的选择性氧化剂,它能够选择性地氧化芳碳为 CO_2 或—COOH,而醇可以被氧化成相应的酮或酸,醚则氧化成对应的酯。

L. M. Stock 等[151] 首次将该氧化方法引入能源化学领域,用于分析 Illinois 6# 和 P_3 煤中的脂肪族化合物的分布,并根据 P_3 煤的 RuO_4 氧化产物中烷基侧链和亚甲基桥链的分布情况构建了该煤的结构模型。Y. G. Huang 等[152] 使用该方法对神府原煤、神府煤液化残渣以及神府煤 CS_2/THF 萃余煤进行了氧化,比较了氧化产物的分布,发现三种样品中均存在连有烷基侧链和桥链的芳烃结构,但含量上存在着显著的差别。长链的脂肪族一元酸和脂肪族二元酸只存在于神府原煤的氧化产物中,而在神府煤液化残渣和神府煤 CS_2/THF 萃余煤的氧化产物中并未发现,这说明长链的烷基侧链和桥链易于液化且易溶于 THF/CS_2 混合溶液。

虽然通过常规氧化的方式可以获得统计方面的煤的部分平均结构信息,但通过各种氧化剂对煤进行各种低选择性降解的产物事实上很难再联系到初始的煤大分子结构中去。此外,常规的氧化方法由于只适用于低阶煤,且往往需要苛刻的反应条件,如高温、高压及强酸性等,其研究有待进一步深入。RuO_4 氧化虽然可以在温和条件下高选择性地解聚煤中有机大分子,但是由于产生钌离子的前驱体价格昂贵,该氧化方法只能用于旨在揭示煤中有机大分子结构的理论研究,而不具有实用价值。

1.5.5　NaOCl 氧化降解

无论是旨在了解煤中有机质的组成结构还是获取有机化学品,温和条件下为组成比较简单的有机化合物适度和选择性地解聚煤中尽可能多的有机质都是其中的关键。另外,选用廉价和容易再生的氧化剂并优化氧化解聚过程也是实现煤氧化解聚工艺产业化的基本要求。

在已经研究的诸多氧化剂中,只有 NaOCl 水溶液满足价廉、容易再生并在温和条件下可使煤中有机质充分且有选择性地解聚的要求。

NaOCl 水溶液作为一种便宜、高效、环境友好并且可电化学回收的氧化剂很早就受到了人们的关注[153]。早在 1931 年，A. M. Vanarendonk 等[154]就使用 NaOCl 对苯乙酮及其衍生物进行氧化研究，得到了对应的苯甲酸类生成物，且收率均在 85% 以上。M. W. Farrar 等[155]扩大研究对象，用 NaOCl 氧化苯丙酮制得苯甲酸，收率为 64%；由丙基-2-噻吩基酮得到 2-噻吩酸，收率为 67%；由 5-甲基-2-丙酰基可氧化得到 5-甲基-2-噻吩酸。他们进一步研究发现，环己酮和环戊酮能够被 NaOCl 氧化为脂肪酸[156]。随后，D. D. Neiswender 等[157]研究发现，当芳环上存在乙酰基时连接在芳环上的甲基和亚甲基桥链可以被 NaOCl 氧化，并对该反应的机理进行了探讨，认为反应底物的氯代反应和反应过程中存在的烯醇式结构导致了最终的氧化结果。其反应机理如图 1-7 所示（R 为吸电子基团）。

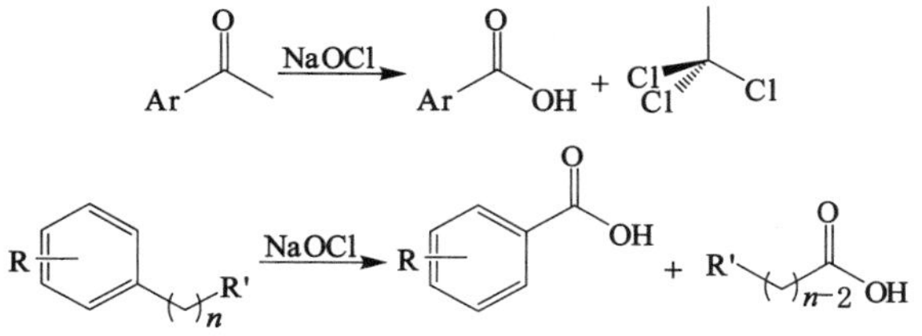

图 1-7　芳酮和烷基苯 NaOCl 氧化机理

20 世纪 70 年代，S. K. Chakrabartty 等[158-160]首次将 NaOCl 用于煤及其模型化合物的氧化，认为反应的活性取决于反应底物所连基团的电负性，而烯醇结构的共轭稳定性、吸电子基团的诱导效应和反应物的立体结构决定了反应能否进行以及进行的程度。同时，反应物在溶剂中的溶解性对反应也有一定影响。在此基础上，他推断了煤中烷基侧链以及 sp^2/sp^3 碳原子的分布情况，但鉴于当时的检测条件和对 NaOCl 氧化机理的认识，其研究结论有待商榷。

R. G. Landolt[161]考察了含羟基芳环的 NaOCl 氧化性能，发现稠环酚类可以被氧化解聚为单芳环的化合物，同时也产生一定量的 CO_2 和苯甲酸类产物，因此，他认为在 S. K. Chakrabartty 的实验条件下，与 NaOCl 反应的不仅仅是 sp^3 杂化的碳，反应生成的 CO_2 同样可以来源于苯环的断裂，大部分生成的苯甲酸类化合物来源于被活化的稠环结构。随后，他们又研究了取代基和 pH 值对反应的影响，结果证明，萘在 $60 \sim 70$ ℃下可以被 NaOCl 氧化为邻苯二甲酸和 CO_2，且当 pH 值控制在 $8.5 \sim 9$ 时氧化最为有效，而菲和蒽反应活性较差[162]。

F. R. Mayo[163]在 60℃下对萘酚和萘甲酸进行了 NaOCl 氧化，并对反应过程中 NaOCl 的分解情况进行了考察，发现 NaOCl 对该类化合物具有很好的反应活性。在此基础上，使用 NaOCl 在 30 ℃条件下对 Illinois 6# 煤及其吡啶不溶物进行了氧化研究，产物主要是相对分子质量超过 1 000 的黑色碳酸大分子和相对分子质量小于 300 的无色水溶酸,绝大多数的产品拥有比原煤更高的 sp^3/sp^2 比值,产物的分布主要依赖于 pH 值和反应底物的粒径,在 pH 值为 13 的反应条件下,96％的反应生成物可溶于水,并且其中 80％的碳以羧酸大分子的形式存在,降低 pH 值会使氧化更加彻底,生成更为简单的水溶性酸性分子[164,165]。H. E. Fonouni 等[166]使用相转移催化剂对 NaOCl 作用下芳香族化合物的氧化和氯取代反应进行考察(反应过程中 pH 值保持在 8～9 之间),认为该反应为自由基反应,并推测其反应机理。在 pH 值为 8～9 时,溶液中存在一定量的 HOCl,在这种情况下,生成自由基如下所示:

$$HOCl + ClO^- \longrightarrow Cl_2O + OH^-$$

$$Cl_2O \longrightarrow Cl \cdot + ClO \cdot$$

$$Cl \cdot + ClO^- \longrightarrow Cl^- + ClO \cdot$$

随后自由基 ClO· 与反应物发生自由基反应。

G. Rothenberg 等[167]对相转移催化下环己酮的 NaOCl 反应进行了考察,反应产物除己二酸、戊二酸和丁二酸外还存在一定量的氯代-α,ω-脂肪二酸,从而推测了一系列氯代-水解的反应机理。

J. J. Rook[168]详细考察了间苯二酚类化合物的氧化解聚机理,并推测了氯乙酸、二氯乙酸以及三氯乙酸的生成过程。A. T. Lebedev 等[169]发现,乙苯在 pH 值为 10 时可以与 NaOCl 反应生成对氯代乙苯、1-苯基乙醇以及 1-苯乙酮。

除此之外,NaOCl 还被广泛应用于煤的脱硫[170]、有机物降解[171]以及含氧有机物[172-175]的制备过程,均取得了不错的效果。最近,作者采用 NaOCl 水溶液对麦秆进行氧化降解,针对所检测出的大量含氮化合物[176],推测该反应体系可能是自由基反应,自由基产生历程如下:

$$NaOCl \rightleftharpoons Na^+ + {}^-OCl$$

$$2\,{}^-OCl \rightleftharpoons O_2^- \cdot + Cl_2^- \cdot$$

$$Na^+ + Cl_2^- \cdot \rightleftharpoons NaCl + Cl \cdot$$

$$2Cl \cdot \rightleftharpoons Cl_2$$

1.6　分离与分析检测方法研究进展

1.6.1　产物分离方法

（1）蒸馏和分级冷凝

生物油蒸馏过程中,挥发性组分首先被蒸出,随后是半挥发性组分,最后是不易挥发组分(如糖类和寡聚酚醛等)[177]。由于化学成分的复杂性,生物油的沸程很宽,且在蒸馏过程中会出现严重的结焦现象,甚至无法蒸出馏分。高含氧量导致生物油具有较高活性、热不稳定性和易老化特性。

在常压蒸馏过程中,生物油从低于 100 ℃ 开始沸腾,一些活泼组分发生聚合,一般在 250～280 ℃ 停止蒸发,残余物的质量分数一般为 35%～50%[178]。随温度升高先后经历 3 个阶段:发生聚合反应致使黏度增大;140 ℃ 左右生成胶状物;较高温度下形成焦炭[179]。

早期的常压蒸馏法并不很适用于分离生物油。为避免高温时发生聚合反应生成大分子化合物,可通过减压蒸馏在较低温度下分离和提纯生物油,除去部分水和小分子物质,改善生物油的稳定性和燃烧特性等。蒸汽蒸馏,即将饱和蒸汽同生物油接触,为生物油提供热量,降低黏度,促进生物油中的挥发性组分挥发,可实现有选择性地处理生物油。

针对生物油的热不稳定性,可采用分级冷凝的方法分离,并以冷凝收集代替再蒸馏。将冷凝收集装置用于综合热解联合循环系统,同时收集多种有机化合物和系统余热并输送到预热器促进蒸汽循环使用,提高系统的经济性[180]。分级冷凝法在温和条件下将能源利用与提取化工产品相结合,比蒸馏法更有发展前景。

（2）离心

离心法能否成功分离生物油关键在于生物油的特性及其制取原料[181],往往需要结合上述其他方法[182]。用离心分离的方法可除去重组分,剩下轻组分,但增加了生物油含水量,降低了含碳量。

（3）溶剂萃取

对生物油溶剂分离最常用的方法是用水分离,即将生物油分为水溶部分和非水溶部分,其中水溶部分主要由碳水化合物组成,非水溶部分由黏稠的热解物组成[178]。生物油水溶部分的回收已成功商业化应用,尤其对于分子量较低的醛类、酚类以及羰基酸钙盐[183]。然而,回收水溶部分要蒸馏除去大量的水,成本较高;从非水溶部分生产化学品的工艺复杂,技术还未成熟,很难达到商业化规模。

根据溶剂极性,除了水之外,还用有机溶剂或混合溶剂(如乙酸乙酯、烷烃、醚类和碱性溶液等)经多级萃取分离生物油[177,184,185]。因目标产物(通常为酚类和中性物质)不同,选用的溶剂也不同。

用有机溶剂萃取分离生物油具有简便、快速、应用范围广的特点,但成本较高,不宜大规模生产。

（4）柱层析

柱层析法又称色层法或色谱法,根据物质在硅胶柱上的吸附能力强弱进行分离。柱层析法和溶剂萃取法分别需要萃取剂和洗脱剂,前者工艺比后者复杂,但分离效果好[186-188]。与分级冷凝相比,这两种方法能耗低、溶剂易回收,产品纯度高,但所需溶剂量大,生产规模小、成本高,难实现工业化。

（5）液液色谱

液液色谱主要是指高速逆流色谱(high-speed countercurrent chromatography,HSCCC),它是 20 世纪 60 年代在液液分配色谱的基础上发展起来的一种高效快速的色谱分离技术[189-192]。HSCCC 利用了特殊的流体动力学现象,利用螺旋柱在行星运动时产生的离心力,使两种互不相溶的溶剂在相对高速旋转的螺旋管中单向分布。其中的一相溶剂作固定相,恒流泵输送着样品的流动相穿过固定相,溶质在两相之间反复分配,利用样品中各组分在两相中分配系数的不同而实现分离[193]。与传统的液相色谱相比较,HSCCC 没有固态载体,不存在吸附和降解,样品回收率高;由于使用的是溶剂系统,其组成和配比可以是无限多的[194-196],从理论上讲可以适用于任何极性范围的样品的分离,具有很好的适应性[197,198],它对样品的预处理要求较低,一般的粗提取物即可分离,分离效率高,重现性好,已经广泛应用于天然产物分离[199-201]、医药[202,203]、有机合成、食品[204,205]、生物工程[206-208]、农业和环境等众多领域。

各种分离技术都有各自的优势及应用领域,同时也存在一些弊端,如蒸馏法虽可提高生物油的稳定性和热值,但结构易发生变化,结焦严重;溶剂萃取和柱层析法虽反应条件温和且分离出的组分纯度较高,但成本高,难于工业化和商业化。分级冷凝法弥补了前几种方法的弊端,且能将能源利用与提取化工产品相结合,经济性好,有很好的发展前景。

1.6.2　组分分析手段

以往常规的高温热解或超临界液化等利用在高温和高压条件下,将生物质结构解聚重排为小分子碎片的思路,试图通过采用不同反应条件来控制生物质中具有不同反应活性的化学键断裂,得到生物质各种结构键位信息,据此推导其分子结构。

随着现代分析手段的应用,非破坏性分析也越来越引起研究者的关注。所谓非破坏性分析是指在不破坏研究目标自身结构的前提下,利用多种分析手段深入了解结构中分子层面价键信息,从而得到宏观平均结构信息。由于生物质降解产物性质的特殊性与成分的复杂性,对其分析至今仍处于初级研究阶段,确定生物油的组成成分有利于生物油的应用,而且对探索生物质的液化机理及生物质的大分子结构具有重要的意义。常用的分析手段主要包括傅里叶变换红外光谱(FTIR)[209,210]、拉曼光谱(FT-Raman)[211]、核磁共振谱(NMR)[212]、液相色谱/质谱联用仪(LC/MS)、气相色谱/质谱联用仪(GC/MS)[213]和 X 射线衍射(XRD)[214,215]等。除上述利用现代分析仪器直接测定煤的结构外,生物质的非破坏性分析还包括在不破坏结构前提下对其中组分进行分离与分析的萃取方法。该方法能够较为真实地反映生物质组成的化学结构,可逐步揭示生物油组分,为对这一绿色燃料的深入了解和广泛应用奠定了理论基础。生物质在热解等条件下的降解产物分析方法可直接移植到温和条件下所得产物分析中,故在此将前者的分析手段予以评述。

王树荣 等[216]采用流化床热裂解生物质,利用 GC 和 GC/MS 鉴别出产物中可检测组分大多为酮类及醛取代基的酚类等。张素萍 等[217]采用柱层析对生物热裂解油进行初步分离后,利用 GC/MS 分别对生物油的水相和有机相部分进行了组分分析。朱满洲 等[218]对玉米秆热解生物油的组成进行了 GC/MS 分析,确定了乙酸、酯类及单环(或多环)芳烃衍生物的相对含量。玉米秸秆的等离子体流化床热解生物油中主要成分有乙酸、乙醛、羟基丙酮和呋喃及它们的衍生物等[219]。对多种生物油进行 GC/MS 分析[220]对比发现,生物油主要成分为带有甲基、甲氧基和烯基等官能团的芳香族化合物和醛、酮类,脂肪族化合物和芳香族化合物[221]。

GC 和 GC/MS 虽然在生物油的分析研究中发挥了重要作用,但由于自身的局限性,难以对质荷比大于 $300\sim350$ 和强极性化合物进行有效的分析,而仅局限于小分子和弱极性组分。同时,生物油中含大量的水和有机酸,也为直接分析带来困难。对于有机酸性成分,则大多采用酯化转化的方法来鉴定。

相对于 GC/MS 难以有效地分析出极性强、难挥发和热稳定性差的成分,HPLC 或 HPLC/MS 可以弥补这一不足,但这方面的研究报道并不多见。朱道飞[222]利用 HPLC 在纤维素高压液化产物中发现了含量很小的乙酸及苹果酸,另外还有相当复杂的其他产物。

根据红外光谱可推断出生物油中主要含水、醛、酮、酯、酚、醇、醚、脂肪类和有机酸等[218]。Y. J. Qian 等[223]对木质生物质高温热解液化产物进行 FTIR 检测分析,液化产物成分复杂,含有醛、酮、酚、酸和烃等各类化合物。虽然生物油中各物质所带官能团受热解温度[223]和升温速率[224]的影响不大,但在不同溶剂中液化产物的官能团结构差别很大。

生物油中约为 60% 的组分是难挥发性组分,采用 GC/MS 只能分析挥发性成分,可用 NMR 技术鉴定难挥发性组分[225]。张素萍 等[217]分别采用 GC、GC/MS 和 NMR 等手段对生物质快速裂解油进行了分析,发现油相的难挥发分中烷氧基碳含量较高,环烷亚甲基是脂类碳的主要形式,而芳香碳中杂原子取代碳约占 50%。A. Bighelli 等[226]发现热裂解油的酸性萃取部分中含有大量的酚类衍生物。王树荣 等[227]在自行开发的生物质流化床热裂解实验平台的基础上,对所得生物油进行了详尽的理化性质分析,GC 和 GC/MS 技术鉴别出生物油中可检测组分大多为含有酮及醛取代基的酚类。F. Taner 等[228]对生物质中纤维素组分的热解产物通过 GC/MS 作了详尽的分析,表明脂肪族化合物是纤维素热解油的主要组分,同时大多数的芳香族化合物来自于木质纤维素的降解。

总之,生物质油是一种成分很复杂的混合物,检测出的物质大都是含氧化合物,主要是带有含氧官能团的苯酚、醛、酮和羧酸类等化合物。但其中还有许多物质没有检测出来,如一些大分子及强极性的物质,而采用多种分析测试手段的联用或者相互辅助,以获得尽可能多的物种信息,分析工作的进一步突破亟待新的有效的分离与分析方法出现。

1.7 研究的主要内容

本课题采用次氯酸钠(NaOCl)水溶液作为生物质氧化降解试剂,在优化的温和反应条件下,NaOCl 水溶液可以将麦秆和稻壳生物质中的有机质选择性氧化,并尽可能减少生成 CO_2 气体和固体残渣;采用逐级氧化方法,绝大部分有机质转化为较为简单的有机化合物。通过溶剂分级萃取和蒸馏等手段实现组分预分离,借助先进的分离分析手段(如 GC/MS),对氧化降解产物进行分析检测;结合分析结果与相关化合物的反应,深入考察有关氧化解聚反应的机理,并进一步揭示生物质的组成结构特征,尤其是木质素的分子结构,为生物质高效洁净利用提供科学依据;通过 NaOCl 氧化解聚方法,探索生物质降解产物中高附加值化学品及提取利用方法。主要实施内容有:

① 优化 NaOCl 水溶液对生物质降解的反应条件,采用逐级氧化方法,以快速有效的方式降解麦秆与稻壳生物质,选择性获取多种有机化学品。

② 对降解混合物采用溶剂分级萃取和精馏等手段预分离,实现族组分的富集;采用高效先进的分离分析手段(各种光谱和色谱方法),对各种条件下降解产物的液相产物进行详细测定;对氧化残渣进行形貌与化学组成分析,用以佐证降解产物成分。

③ 采用溶剂萃取的生物质预处理方法,分别将稻壳和麦秆及其萃余物进行逐级氧化,考察预处理方法对降解过程的影响。

④ 以详细的降解产物成分分析结果为基础,推测生物质(麦秆和稻壳及其萃余物等)和相关的化合物在 NaOCl 水溶液中的氧化解聚机理。

⑤ 结合降解产物分析结果和氧化降解机理,提出生物质结构尤其是木质素的结构模型。

2 实 验 部 分

2.1 仪器和试剂

实验中用到的主要仪器设备列于表 2-1 中。其他设备包括 pH 计、电子天平、乌氏黏度计、电加热套、鼓风干燥箱、真空干燥器和搅拌器等,蒸馏装置和反应装置等及其附属设备均为实验室常用仪器。

表 2-1 主要仪器设备

仪 器	生产厂家	型 号
气相色谱/质谱联用仪	美国 Agilent 公司	HP 6890/5793
元素分析仪	美国 LECO 公司	LECO CHN-2000
傅里叶变换红外光谱仪	美国 Nicolet 公司	Nicolet Magna FTIR-560
扫描电子显微镜	荷兰 FEI 公司	QUANTA 200
高效液相色谱仪	美国 Agilent 公司	Agilent 1200
卡尔费修水分测量仪	瑞士 Mteeler Toledo 公司	DL31
旋转蒸发仪	瑞士 Büchi 公司	Büchi R-200 和 R-134
超声波发生器	上海科导超声仪器厂	SK3200H

本研究在实验中所采用有机溶剂有石油醚(PE)、二硫化碳(CS_2)、苯、四氯化碳(CCl_4)、乙酸乙酯(EA)、甲醇、乙醇、乙醚(EE)、丙酮、正己烷、二氯甲烷(CH_2Cl_2)等,均购自上海苏懿化学试剂有限公司和广东省汕头市西陇化工厂有限公司,使用前都经旋转蒸发仪蒸馏精制。所采用的氧化剂为市售次氯酸钠水溶液(有效氯含量为 6%),购自上海苏懿化学试剂有限公司,不经任何处理直接使用。

2.2 稻壳和麦秆样品分析

选用江苏省徐州市泉山区附近农田农作物成熟并采收后所得的稻壳(rice

husk,RH)和麦秆(wheat straw,WS)作为本课题研究原料样品。将样品用清水和去离子水清洗干净后自然暴晒风干2个月以上,再用多功能制样粉碎机将样品粉碎,过80目筛(<180 μm),于85 ℃下真空干燥24 h,最后置于干燥器中实验备用。对研究采用的稻壳和麦秆样品分别进行工业分析、元素分析和化学分析,列于表2-2中。

表2-2　稻壳和麦秆样品的工业分析、元素分析以及化学成分分析(wt%)

样品	工业分析			元素分析(daf)					化学成分分析		
	M_{ad}	A_d	V_{daf}	C	H	N	O	S*	纤维素	半纤维素	木质素
稻壳	9.9	15.3	64.3	36.3	6.2	0.4	36.9	0.2	36.3	20.2	22.3
麦秆	8.0	8.2	70.2	42.3	6.6	0.3	50.2	0.6	35.7	24.8	20.2

采用 KBr 压片法,分别对稻壳和麦秆样品进行傅里叶变换红外光谱 (FTIR)分析,如图2-1所示。与化学成分分析结果类似,稻壳和麦秆有机质结构红外吸收特征相似。由图中光谱分布及样品成分结构的对应关系可知,1 090 cm^{-1}附近为 C—O 键的不对称伸缩振动的特征吸收峰,显然来自纤维素和半纤维素中的 C—O—C 结构;1 627 cm^{-1}附近为 C =C 键伸缩振动和芳环连接 C—O 键的伸缩振动特征吸收峰,对应芳香族化合物;1 736 cm^{-1}附近为 C =O 键伸缩振动特征吸收峰,归属为半纤维素中羰基结构的特征吸收峰;在指纹区附近,678 cm^{-1} 和 838 cm^{-1} 是芳环的精细结构吸收区域,归为木质素的特征吸收峰。

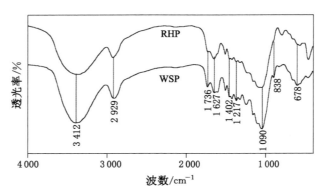

图 2-1　稻壳和麦秆样品的傅里叶变换红外光谱图
(RHP 为稻壳粉末样品;WSP 为麦秆粉末样品)

相应地,对光谱数据进行化学键及其归属进行解析,以了解各官能团在结构中的分布情况,结果列于表2-3中。

表 2-3 稻壳和麦秆样品的红外光谱解析

波数/cm^{-1}	吸收峰强度	归属官能团及振动类型	所属化合物及化学成分
3 412	强	O—H 伸缩振动	纤维素,半纤维素
2 929	中强	饱和 C—H(甲基和亚甲基)伸缩振动	纤维素,半纤维素
1 736	弱	C═O 的伸缩振动	酯类,木聚糖;半纤维素
1 627	弱	与芳香环相连的 C—O 伸缩振动;芳环 C═C 键伸缩振动	木质素
1 402	弱	C—H 剪切振动;C—H 弯曲振动	纤维素;木质素
1 217	弱	烷基芳基醚键中的 C—O—C 伸缩振动	酚类化合物,木质素
1 090	强	C—O 伸缩振动及 C—O—C 不对称伸缩振动;C—OH 弯曲振动	醚类,纤维素,半纤维素;醇类
890～900	弱	β 糖苷键振动	纤维素
678,838	弱	C—C—C(O)面内弯曲振动	芳烃,木质素

2.3 实验步骤

2.3.1 稻壳和麦秆的 NaOCl 水溶液的逐级氧化

稻壳和麦秆样品的 NaOCl 水溶液逐级氧化反应及处理程序如图 2-2 所示（步骤 1）。准确称取已经干燥恒重的 10.0 g 样品（稻壳,RHP;麦秆,WSP）,置于 250 mL 烧瓶中,倒入 100 mL NaOCl 水溶液,在连续磁力搅拌下恒温 40 ℃进行反应。氧化反应进行 24 h 后,过滤反应混合物得到氧化残渣（FC$_1$）和滤液（F$_1$）。FC$_1$ 在 80 ℃下真空干燥 24 h 后称重;F$_1$ 分别用石油醚（PE）、CS$_2$、乙醚（EE）和乙酸乙酯（EA）进行分级萃取,每级萃取均使用 100 mL 溶剂,在超声辅助下萃取 10 次,每次萃取 15 min,分别得到萃取液（ES$_{1-1-1}$～ES$_{1-1-4}$）及所对应的萃余液（IES$_{1-1-1}$～IES$_{1-1-4}$）。使用旋转蒸发仪蒸干萃取液中溶剂后,得到样品分别为 E$_{1-1-1}$～E$_{1-1-4}$。萃余液 IES$_{1-1-4}$ 经盐酸酸化至 pH 值为 2～3 以使反应产物中全部—COONa 基团转化为—COOH。酸化后产物经再次过滤,得到过滤残渣（FC$_2$）和滤液（F$_2$）。

采用去离子水将 FC$_2$ 洗涤三次,经 80 ℃真空干燥至恒重,称重。对酸化后滤液的处理步骤如图 2-3 所示（步骤 2）。分别用 PE、CS$_2$、EE 和 EA 对 F$_2$ 进行分级萃取,每级萃取均使用 100 mL 溶剂,超声萃取 10 次,每次萃取 15 min,得到萃取液（ES$_{1-2-1}$～ES$_{1-2-4}$）及所对应的萃余液（IES$_{1-2-1}$～IES$_{1-2-4}$）。使用旋转蒸发仪蒸干萃取液中溶剂,并在冰水浴条件下使用 CH$_2$N$_2$/乙醚溶液进行酯化反应 8

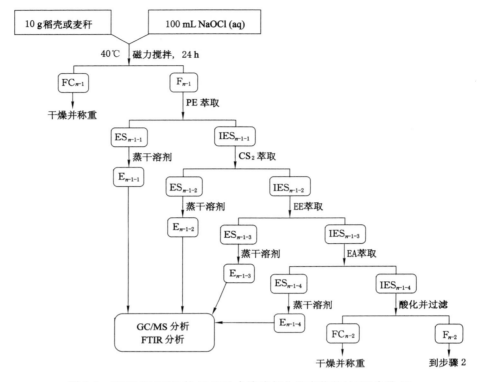

图 2-2　RHP 和 WSP 的 NaOCl 水溶液氧化及产物的处理(步骤 1)

h,得到样品 E_{1-2-1}～E_{1-2-4}。酯化产物在氮气流保护下低温浓缩。所得样品使用 FTIR 和 GC/MS 进行分析表征。

　　将所得到的第一级氧化残渣(FC_1),按照上述实验步骤和产物处理步骤(步骤 1 和步骤 2),对氧化残渣进行深度逐级氧化及产物的逐级萃取。

　　为充分有效降解生物质及考察各级氧化效率及产物特征差异,本研究中共进行三级氧化。将 RHP 和 WSP 中的有机质尽可能多的氧化降解,并分析各级氧化产物滤液的成分及残渣的形貌与成分,采用温和氧化降解的方法揭示生物质组成结构。

2.3.2　稻壳和麦秆的分级萃取

　　分别称取 50.0 g 稻壳(RHP)和麦秆(WSP)样品,依次使用 PE、CS_2、EE、EA、甲醇、丙酮和丙酮/CS_2(1∶1,V/V)进行分级萃取。每次均使用 500 mL 萃取溶剂,在超声辐射下萃取 15 min,每级萃取进行 20 次,分别得到萃取物(EF_1～EF_7)、残渣(R_1～R_7)和稻壳的萃余物(RHPR)及麦秆萃余物(WSPR)。将所得各级萃取物分别在旋转蒸发仪上浓缩至 3～5 mL,用 FTIR 和 GC/MS

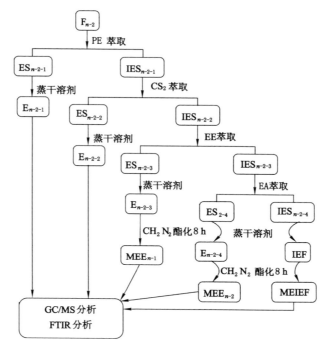

图 2-3　萃余液酸化后滤液的处理(步骤 2)

分析浓缩后的萃取物。RHP 和 WSP 的溶剂萃取分离及各萃取物的分析流程如图 2-4 所示。

2.3.3　稻壳和麦秆萃余物的 NaOCl 逐级氧化

稻壳萃余物(RHPR)和麦秆萃余物(WSPR)的 NaOCl 逐级氧化及产物的处理过程与图 2-2 和图 2-3 所描述的一致。称取 10.0 g 的 RHPR 或 WSPR,置于 250 mL 反应烧瓶中,加入 100 mL NaOCl 水溶液,于 40 ℃下连续磁力搅拌反应。氧化反应进行 24 h 后,过滤反应混合物得到氧化残渣(RFC_1)和滤液(RF_1)。RFC_1 在 80 ℃下真空干燥 24 h 后称重;RF_1 分别用 PE、CS_2、EE 和 EA 进行分级萃取,每级萃取均使用 100 mL 溶剂,超声辅助萃取,每次萃取 15 min,共进行 10 次,得到萃取液($RES_{1-1-1} \sim RES_{1-1-4}$)和萃余液($RIES_{1-1-1} \sim RIES_{1-1-4}$),使用旋转蒸发仪蒸干溶剂后,得到样品 $RE_{1-1-1} \sim RE_{1-1-4}$。

$RIES_{1-1-4}$ 经盐酸酸化至 pH 值为 2～3 以使反应产物中全部—COONa 基团转化为—COOH。酸化后产物经再次过滤,得到过滤残渣(RFC_2)和滤液(RF_2)。采用去离子水将 RFC_2 洗涤三次,经 80 ℃真空干燥至恒重,称重。分别用 PE、CS_2、EE 和 EA 对 RF_2 进行分级萃取,每级萃取均使用 100 mL 溶剂,超声萃取 10 次,每次萃取 15 min,得到萃取液($RES_{1-2-1} \sim RES_{1-2-4}$)及所对应的萃

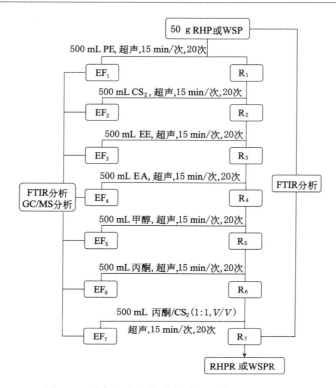

图 2-4 稻壳和麦秆的分级萃取及萃取液的分析

余液（RIES$_{1-2-1}$～RIES$_{1-2-4}$）。使用旋转蒸发仪蒸干萃取液中溶剂，并在冰水浴条件下使用 CH$_2$N$_2$／乙醚溶液进行酯化反应 8 h，得到样品 RE$_{1-2-1}$～RE$_{1-2-4}$。酯化产物在氮气流保护下低温浓缩。所得样品使用 FTIR 和 GC/MS 进行分析表征。

　　同样，将所得到的第一级氧化残渣（RFC$_1$），按照上述实验步骤和产物处理步骤（Step 1 和 Step 2），对氧化残渣进行深度逐级氧化及产物的逐级萃取。为考察生物质溶剂萃取后的氧化效率及产物特征差异，对萃取残渣的氧化共进行三级。

2.3.4　反应产物的分析检测与表征

　　（1）傅里叶变换红外光谱（FTIR）分析

　　对反应原料、反应残渣、反应产物及各级萃取物均采用 KBr 压片法，用 Nicolet Magna IR-560 傅里叶变换红外光谱仪进行官能团的检测。数据采集扫描设置为 50 次，扫描分辨率为 8 cm^{-1}，扫描范围为 4 000～500 cm^{-1}。

　　（2）扫描电镜（SEM）分析及能谱（EDS）分析

　　采用荷兰 FEI 公司的 QUANTA 200 扫描电子显微镜，用于反应原料、各级反应及萃余固体残渣的表面形貌分析。仪器设置为高真空模式,加速电压 20 kV,分辨率为 3.0 nm。

对反应原料和各级氧化残渣进行 X 射线能量色散谱分析(EDS),在所测材料表面镀碳 20 nm;低真空模式,工作电压为 20 kV,工作距离为 10 nm,工作扫描能量范围为 20 keV;O 元素能量谱线采用单晶 SiO_2 校正。

(3)气相色谱/质谱联用(GC/MS)分析

利用 Agilent 6890/5978 GC/MS 对各级萃取物进行定性定量分析。检测条件为:聚甲基硅氧烷 HP-5MS 型毛细管柱(60.0 m×250 μm,膜厚 0.25 μm);He 为载气,流速为 1.0 mL/min;分流比为 20:1;进样口和检测器温度均设定为 300 ℃;EI 源,离子化电压为 70 eV,离子源温度为 230 ℃;质量扫描范围为 (30∼500)m/z。升温程序为:从 60 ℃至 150 ℃升温速率为 5 ℃/min,从 150 ℃至 300 ℃升温速率为 7 ℃/min,在 300 ℃保持 15 min。

萃取物中的有机化合物按 PBM 法与仪器配套 NIST05a 化合物标准谱图库数据进行计算机检索对照,根据置信度或相似度确定化合物的结构。此外,根据所得化合物的离子碎片质核比及分布等信息进行核查确认后方可对化合物进行定性。对于谱库难于确定的化合物则依据 GC 保留时间、主要离子峰及特征离子峰、分子量和同位素峰等与文献色谱、质谱资料相对照进行解析。

由于萃取物中成分复杂,所检测各化合物的相对含量分析采用面积归一法,即依据仪器检测器的响应值与被测组分的量,在一定的条件限定下成正比的关系来进行定量分析的。在某些条件限定下,色谱峰的峰高或峰面积(检测器的响应值)与所测组分的数量(或浓度)成正比。实验仅对所检测到的化合物,用面积归一法进行积分,计算相对含量。

对萃取物中所检测化合物的绝对定量分析采用外标法。利用辛烷、2,5-二甲基呋喃、十氢萘、己酸甲酯、己二酸二甲酯和邻苯二甲酸二甲酯作为外标物分别用烷烃、呋喃类、芳烃、羧酸和酯类化合物进行外标法定量,进而计算各萃取物以及各类化合物的收率。

2.3.5　逐级氧化反应产物的总收率

逐级氧化反应后,反应物中的有机质大分子经氧化降解,转变为小分子化合物进入液相中。这部分进入液相的有机物(OM)的总收率(TY_{OM})可表示为:

$$TY_{OM} = m_{OM}/m_{orig} = (m_{orig} - m_R)/m_{orig}(wt\%, daf)$$

其中,m_{OM} 是从原料(或上级反应残渣)在该级氧化反应后转移到液相有机质的质量,m_{orig} 是原料(或上级反应残渣)的无灰干基质量,m_R 是该级氧化反应残渣质量。

2.3.6　逐级萃取中各级萃取物的收率

逐级溶剂萃取中,有机物分子从待萃物(原料、滤液或残渣)转移至萃取溶

剂,根据萃取物中各种化合物的定量分析,各级萃取物的收率 Y_E 可表示为:

$$Y_E = \sum m_S/m_{OM} = \sum m_S/(m_{orig} - m_R)(wt\%, daf)$$

其中,m_S 是所检测到某种化合物的绝对质量,$\sum m_s$ 是萃取物中所检测到化合物的质量和。同上,m_{OM} 是从原料(或上级反应残渣)在该级反应后转移到液相有机质的质量,m_{orig} 是原料(或上级反应残渣)的无灰干基质量,m_R 是该级氧化反应残渣质量。

2.3.7 萃取物中各类化合物的收率

在各级萃取物中,各类化合物组分在溶剂中得到分离或富集。各类化合物在萃取物中的收率 Y_G 可表示为:

$$Y_G = \sum m_{GCS}/\sum m_S(wt\%, daf)$$

其中,$\sum m_{GCS}$ 是萃取物中某类化合物的总质量,$\sum m_S$ 是该级萃取物中所检测到化合物的总质量。

3　稻壳和麦秆的逐级氧化

要实现生物质资源尤其是在我国分布广、储量丰富的农作物秸秆和农业废弃物生物质的能源化和资源化利用,就必须充分了解该生物质的结构。目前采用较多的方法是生物发酵、热解液化或气化等方法,这些方法在实际生产中不可避免存在能耗高、反应条件苛刻及不易控制和残渣多等问题;制备的产品多作为燃料使用,并且大量的包含苯环结构的木质素成分难以获得利用,终不能实现对生物质的高附加值利用。作为珍贵的化学资源,生物质中蕴含了大量有机化学品,可为精细化工行业提供生产原料。因此,急需发展温和反应条件的生物质全组分的降解及利用技术,这不仅可降低生产成本、减少资源损失和浪费,还可获取多种高附加值化学品,作为石油化工行业的有效替代。此外,在温和的反应条件下降解,还可更多保留生物质原始组成信息,有助于揭示生物质分子水平组成结构。

NaOCl 水溶液化学氧化方法已用于废水中有机污染物处置及杀菌中,可有效降解有机化合物与微生物,是实现生物质温和降解的可行途径。NaOCl 水溶液具有价格低廉、易得,与环境友好和氧化选择性良好及氧化能力适中等优势,已经用于煤的氧化降解中,获得了较好的效果。因此,采用 NaOCl 水溶液可对生物质中全组分有效降解。

生物质成分多样,结构复杂,纤维素、半纤维和木质素相互交联,考虑到 NaOCl 水溶液的单级氧化可能造成反应时间长和氧化效率低等问题,采用多级氧化不仅可显著提高氧化效率,还可从各级氧化产物及生物质结构分析中,了解生物质在降解过程中成分与结构变化信息,用以进一步揭示生物质化学组成及氧化降解机理,为提出生物质氧化降解制备化学品工艺提供科学依据。

本课题采用 NaOCl 水溶液对稻壳和麦秆生物质进行逐级氧化降解(共三级)。采用溶剂分级萃取对液相产物中有机质分离,并用 FTIR 和 GC/MS 对各级萃取物进行成分分析,用 SEM 对反应物残渣进行形貌分析,以了解各级氧化降解过程对生物质结构造成的影响。本章将对稻壳和麦秆生物质逐级氧化产物及各级萃取物中化学成分进行分析与表征。

3.1 稻壳和麦秆的第一级氧化

3.1.1 第一级氧化产物中各级萃取物的 FTIR 分析

如图 3-1 所示,在稻壳的第一级氧化产物滤液的各级萃取物($RHPF_{1-1}$)中,较为明显的吸收峰为 3 400 cm^{-1} 附近为 O—H 键伸缩振动吸收峰,位于 2 929 cm^{-1} 的饱和 C—H 键不对称伸缩振动吸收峰,2 850 cm^{-1} 左右的含有 C—C 键结构的振动吸收峰以及位于 1 736 cm^{-1} 附近的 C═O 键伸缩振动吸收峰,表明在各级萃取物中均含有饱和脂肪族化合物、醇类、酚类以及羧酸。其中,EA 萃取物(E_{1-1-4})中含有大量醇类化合物,而羧酸类化合物明显少于其他三级萃取物;PE、CS_2 和 EE 萃取物中(E_{1-1-1}～E_{1-1-3})均含有丰富的羧酸或酯类化合物。1 217 cm^{-1} 附近是烷基芳基醚键中的 C—O—C 伸缩振动吸收峰,PE 和 CS_2 萃取物在该区域有强烈吸收,这表明含有酚类化合物,即来自木质素的降解产物。

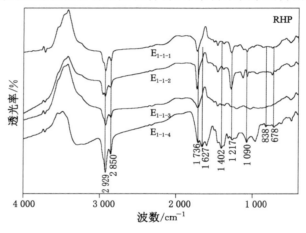

图 3-1 $RHPF_{1-1}$ 中各级萃取物的 FTIR 分析

对 RHP 第一级氧化产物萃余物酸化后,将滤液进一步分级萃取,对各级萃取物($RHPF_{1-2}$)进行 FTIR 分析,如图 3-2 所示。图中较为明显的特征是,酸化后的萃取物在 3 412 cm^{-1} 附近具有强烈的吸收(E_{1-2-1} 和 E_{1-2-2}),该处为 O—H 键伸缩振动吸收峰,表明含有大量的酚类和羧酸等化合物;而对萃取物进行酯化(MEE_{1-1} 和 MEE_{1-2})后,该吸收峰消失。同样,在酯化后,位于 1 736 cm^{-1} 附近的 C═O 特征吸收峰以及位于 1 217 cm^{-1} 附近的烷基芳基醚键 C—O 键吸收峰逐渐增强。其他吸收峰的分布与 $RHPF_{1-1}$ 中的分布情况类似。

如图 3-3 所示,在麦秆的第一级氧化产物滤液的各级萃取物($WSPF_{1-1}$)中,

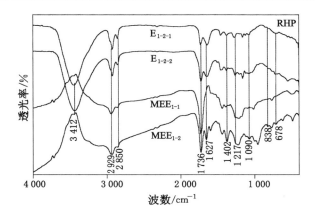

图 3-2 RHPF$_{1-2}$中各级萃取物的 FTIR 分析

只有 EE 和 EA 萃取物（E$_{1-1-3}$和 E$_{1-1-4}$）中有较为明显的 O—H 键伸缩振动吸收峰（3 412 cm^{-1}附近），而只有 E$_{1-1-4}$中在 1 736 cm^{-1}附近的 C ═O 键伸缩振动吸收峰。CS$_2$萃取物（E$_{1-1-2}$）在 1 627 cm^{-1}附近有强烈的吸收，表明含有 C ═C 不饱和键以及与芳环相连的 C—O 键，因此该萃取物中含有木质素降解成分。

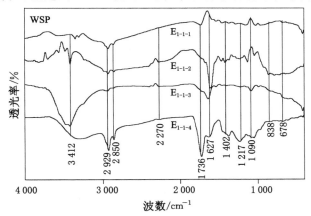

图 3-3 WSPF$_{1-1}$中各级萃取物的 FTIR 分析

对 WSP 第一级氧化产物萃余物酸化后，将滤液进一步分级萃取，对各级萃取物（WSPF$_{1-2}$）进行 FTIR 分析，如图 3-4 所示。同稻壳的 RHPF$_{1-2}$萃取物结果类似，E$_{1-2-1}$、MEE$_{1-1}$和 MEE$_{1-2}$在 3 412 cm^{-1}附近有较为明显的吸收峰。位于 1 736 cm^{-1}附近的 C ═O 特征吸收峰逐渐加强；位于 1 217 cm^{-1}附近的烷基芳基醚键 C—O 键吸收峰逐渐增强。位于 838 cm^{-1}附近为 C—H 键面内弯曲振动，表明含有苯环结构，即可能源于木质素的降解。

通过 RHP 和 WSP 的第一级氧化产物的两个阶段逐级萃取分离及 FTIR

分析可知,萃取物中含有羧酸、酯类、酚类、饱和碳氢化合物和醚类化合物等,明显具有纤维素、半纤维素和木质素的降解产物的特征,表明两种生物质的化学成分都得到了有效降解。对酸化后的萃取物进行酯化,是分离和测定高极性有机酸的有效方法。

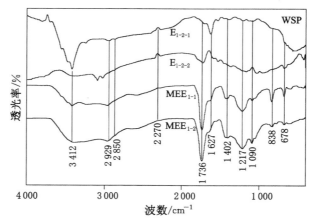

图 3-4　WSPF$_{1-2}$ 中各级萃取物的 FTIR 分析

3.1.2　第一级氧化产物中各级萃取物的 GC/MS 分析

按图 2-2 和图 2-3 所述的实验步骤将 RHP 和 WSP 进行第一级氧化,所得氧化产物滤液分别为 RHPF$_{1-1}$ 和 WSPF$_{1-1}$ 以及 RHPF$_{1-1}$ 和 WSPF$_{1-1}$,如图 3-5 所示(图中分别标为 RHP$_{1-1}$、WSP$_{1-1}$、RHP$_{1-2}$ 和 WSP$_{1-2}$)。后两者的颜色明显比前两者浅,表明可能其中所含化学成分较少。

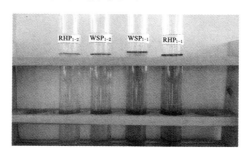

图 3-5　RHP 和 WSP 第一级氧化产物滤液

用 GC/MS 对 RHPF$_{1-1}$ 的各级萃取物进行成分分析,所得总离子流色谱图(TICs,如图 3-6 所示)显示了丰富的化合物组成,所检测化合物名称列于表 3-1 中。

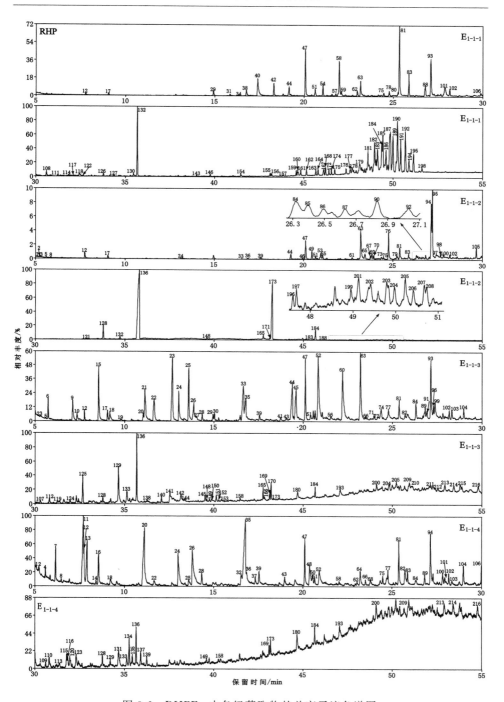

图 3-6　RHPF₁₋₁中各级萃取物的总离子流色谱图

表 3-1 　　　　　　　RHPF$_{1-1}$各级萃取物中检测到的有机化合物

峰号	化合物	E$_{1-1-1}$	E$_{1-1-2}$	E$_{1-1-3}$	E$_{1-1-4}$
烷烃					
1	1,2-二氯乙烷		√		√
61	十三碳烷		√		
98	十五碳烷		√		
117	8-甲基十五碳烷	√			
121	十六碳烷		√		
127	十七碳烷	√			
138	十八碳烷			√	
142	十九碳烷			√	
143	二十碳烷	√			
146	2,6,10,15-四甲基十七烷	√			
149	二十一碳烷			√	√
150	8,13-二甲基二十碳烷			√	
153	二十三碳烷			√	
155	二十四碳烷	√			
158	二十五碳烷			√	√
169	4,8,12,17-四甲基二十三碳烷				√
177	二十七碳烷	√			
180	二十八碳烷			√	√
188	二十九碳烷		√		
193	2,6,10,14,18,23-六甲基二十六碳烷			√	√
196	三十二碳烷		√		
197	三十三碳烷		√		
201	三十四碳烷		√		
208	三十五碳烷		√		
210	三十六碳烷			√	
芳烃					
2	苯		√	√	√
8	甲苯		√		√
14	间二甲苯				√
46	五甲基苯		√		
49	2-甲基萘		√		

峰号	化合物	E_{1-1-1}	E_{1-1-2}	E_{1-1-3}	E_{1-1-4}
53	1-甲基萘		√		
65	2,7-二甲基萘		√		
69	2,3-二甲基萘		√		
70	1,6-二甲基萘		√		
73	1,7-二甲基萘		√		
77	2-甲基苯-3H-并-(E)茚			√	√
85	1-苯基-2-甲基苯		√		
86	2,3,6-三甲基萘		√		
87	2,4,6-三甲基萘		√		
92	2,5,6-三甲基萘		√		
122	2,4,5-三氯联苯	√			
140	荧蒽			√	
152	2,2-双(4-氯苯基)-1,1-二氯乙烷			√	
酮类化合物					
12	4-羟基-4-甲基-2-戊酮	√	√	√	√
17	环己酮	√	√	√	
59	γ-十一内酯	√			
99	香草乙酮			√	
100	4′-苄氧基-3′-甲氧基苯乙酮		√		√
118	3-甲氧基-4-羟基苯乙酮	√			
139	4,4′-二氯查耳酮				√
141	6-十三烷基四氢-2H-吡喃酮			√	
151	6-庚基四氢-2H-吡喃-2-酮			√	
醛类化合物					
6	三氯乙醛			√	
52	2-氯-4-羟基苯甲醛			√	√
60	4-羟基苯甲醛			√	
63	香草醛	√	√		
64	异香草醛				√
82	3,5-二氯-2-羟基苯甲醛			√	√
84	5-氯香草醛		√	√	√
93	2-氯-3-羟基-4-甲氧基苯甲醛	√		√	

续表 3-1

峰号	化合物	E_{1-1-1}	E_{1-1-2}	E_{1-1-3}	E_{1-1-4}
94	5-氯安息香醛		√		√
103	5-氯-2-羟基-3-甲氧基苯甲醛			√	√
107	对茴香醛二甲缩醛			√	
114	3,5-二叔丁基水杨醛	√			
120	4,6-二甲氧基-1-萘醛				√
含氮化合物					
9	氯乙基异氰酸酯			√	
10	2-甲基吡啶			√	
18	2-甲基丙酰胺			√	√
19	氯乙腈			√	
21	丁二腈			√	
22	3-甲基丁酰胺			√	√
23	2,2-二氯乙酰胺			√	
24	N-甲基吡咯烷酮		√	√	√
25	戊二腈			√	√
26	2-吡咯酮			√	
28	N-甲基丁二酰胺			√	√
29	氯硝基甲烷	√		√	
31	苄腈	√			
32	2-恶唑烷酮				√
37	2-哌啶酮				√
40	α-甲基苯乙胺	√			
50	1,3-地西泮-2,4-二酮				√
56	苯酰胺			√	
66	2,4,6-三氯苯胺			√	√
68	7-甲氧-8-氨基异喹啉				√
72	4-羟基-3-甲氧基苯甲腈			√	
74	5-异丙基-2,4-咪唑啉二酮			√	
79	8-羟基-2-甲基喹啉		√		
91	5-苄基-2,4-咪唑啉二酮			√	
104	2,4,6-三甲基喹啉			√	√
106	N-甲基对甲苯磺酰胺	√			√

峰号	化合物	E_{1-1-1}	E_{1-1-2}	E_{1-1-3}	E_{1-1-4}
119	紫罗兰酮			√	
123	2-甲基-3-苯基喹喔啉				√
129	3-氨基-2,5-二氯-(3-2-氯-6-甲基烟酸)苯甲酸			√	√
131	2,4,6,7-四甲基喹啉				√
133	2-[4-氯-苯乙烯基]-4-氯嘧啶			√	√
144	3,5-二氯-4-甲氧基-2,6-二甲基吡啶			√	
148	月桂酰胺		√	√	
165	(Z)-9-十八烯酸酰胺		√	√	
166	十六酰胺			√	
170	(Z)-N,N-二(2-羟基乙基)-9-十八烯酸酰胺			√	
171	(Z)-11-二十酰胺		√		
200	(Z)-13-二十二酰胺			√	√
有机酸					
7	2-甲基丙酸				√
11	3-甲基丁酸				√
13	2-甲基丁酸				√
16	戊酸				√
20	己酸			√	√
27	庚酸			√	
30	2-乙基己酸			√	
33	辛酸		√	√	
35	安息香酸			√	√
41	己酸			√	
43	扁桃酸			√	√
44	壬酸	√	√	√	
57	正癸酸	√			
71	氯己酸			√	
111	肉豆蔻酸	√			
112	3-甲氧基-4-羟基扁桃酸			√	
113	3-羟基-2,5-二氯苯甲酸				√
116	3,5-二叔丁基水杨酸				√
130	棕榈酸	√			

峰号	化合物	E$_{1-1-1}$	E$_{1-1-2}$	E$_{1-1-3}$	E$_{1-1-4}$
147	3-氨基-2,5-二氯苯甲酸			√	
酯类化合物					
75	邻苯二甲酸二甲酯	√	√		√
76	丁二酸二乙酯		√		
95	丁二酸二异丁基酯		√		
97	丁二酸甲基-二(1-甲基丙基)酯		√		
105	己二酸二异丁酯		√		
115	4-氯苯基十四烷酸甲酯				√
124	4-甲氧基苯乙酸甲酯			√	
126	邻苯二甲酸二丙酯	√			
128	邻苯二甲酸乙基丁基酯		√	√	√
132	邻苯二甲酸丁基异丁基酯	√	√		
136	邻苯二甲酸二丁酯		√	√	√
154	邻苯二甲酸-(2-甲基)丁基戊基酯	√			
156	己二酸二戊酯	√			
159	辛酸苯基酯	√			
160	辛酸苄基酯	√			
161	壬酸苯基酯	√			
162	癸酸苯基酯	√			
163	邻苯二甲酸单(2-乙基己基)酯	√			
167	十二烷酸苯基酯	√			
168	十五烷酸苯基酯	√			
172	十五烷酸苄基酯	√			
173	己二酸二辛酯	√	√	√	√
175	十六烷酸苯基酯	√			
176	6-十四烯酸苄基酯	√			
178	十七烷酸苯基酯	√			
179	邻苯二甲酸二己酯	√			
181	邻苯二甲酸己基异丁基酯	√			
182	邻苯二甲酸二庚基酯	√			
183	邻苯二甲酸庚基己基酯	√	√		
184	邻苯二甲酸单(2-乙基己基)酯	√	√	√	√

续表 3-1

峰号	化合物	E_{1-1-1}	E_{1-1-2}	E_{1-1-3}	E_{1-1-4}
185	邻苯二甲酸庚基环己基酯	√			
186	邻苯二甲酸辛基异戊基酯	√			
187	邻苯二甲酸辛基己基酯	√			
189	十八烷酸苯基酯	√			
190	邻苯二甲酸辛基环己基酯	√			
191	邻苯二甲酸异癸基辛基酯	√			
192	邻苯二甲酸-2-(2-甲氧基乙基)庚基壬基酯	√			
194	邻苯二甲酸-3-(2-甲氧基乙基)辛基壬基酯	√			
195	邻苯二甲酸-3,5-二甲基苯基酯	√			
198	邻苯二甲酸-二(7-甲基辛基)酯	√			
199	邻苯二甲酸二壬酯		√		
202	邻苯二甲酸壬基-(2-甲基壬基)酯		√		
203	邻苯二甲酸-3-(2-甲氧基乙基)辛基壬基酯		√		
204	邻苯二甲酸-5-甲氧基-3-甲基戊基壬基酯		√	√	
205	邻苯二甲酸壬基环己基酯		√	√	
206	邻苯二甲酸-二(3,5二甲基壬基)酯		√		
207	邻苯二甲酸二癸酯		√		
219	偏苯三酸三(2-乙基己基)酯		√		
酚类化合物					
34	2,4-二氯苯酚	√			
36	2,5-二氯苯酚		√		√
38	3-氯苯酚	√			
39	对氯酚		√	√	√
47	对叔丁酚	√	√	√	√
51	对仲丁基苯酚	√	√	√	√
58	2,4,6-三氯苯酚	√			√
62	3,4-二氯愈创木酚	√			√
78	3-叔丁基对甲氧基苯酚	√			
80	4,6-二氯愈创木酚	√			
81	4,5-二氯-2甲氧基苯酚	√	√	√	√
83	2,6-二叔丁基-4-甲基苯酚	√	√		√
88	对叔辛基苯酚	√			

续表 3-1

峰号	化合物	E_{1-1-1}	E_{1-1-2}	E_{1-1-3}	E_{1-1-4}
89	对特戊基酚	√		√	√
90	3-叔丁基苯酚	√	√		
101	3,4,5-三氯愈创木酚	√			√
102	对特辛基苯酚	√	√	√	√
108	4,5,6-三氯愈创木酚	√			
109	2,3,5-三氯-6-甲氧基酚				√
157	2,2′-亚甲基双(6-叔丁基-4-甲基)苯酚	√			
其他化合物					
3	甲基乙基二硫醚		√	√	
4	三氯乙烯				√
5	2,5-二甲基呋喃		√	√	
15	(Z)-1,2-二氯乙烯		√		
42	氧代二氯甲烷	√			
45	二乙氧基甲烷			√	
48	三环[4.1.1.0(2,5)]辛烷				√
54	二氯乙酰氯	√			
55	氯甲酸-1-氯乙酯		√		
67	巯基乙酸-2-乙基己酯		√		
96	2-噻唑烷硫酮			√	
110	2-苯乙氧基苯基甲烷				√
125	3-羟基-1-(4-甲氧基苯基)丙烷			√	
134	2,2-双(4-氯苯基)乙醇				√
135	二辛醚				√
137	8-氯酚噻嗪				√
145	4-甲基-6,7-亚甲二氧基香豆素			√	
164	苯基辛基醚	√			
174	氯苯基异辛基醚	√			
209	孕甾烷			√	√
211	20-甲基孕甾烷			√	
212	胆甾烷			√	
213	麦角甾烷			√	√
214	4-甲基麦角甾烷			√	√

峰号	化合物	E_{1-1-1}	E_{1-1-2}	E_{1-1-3}	E_{1-1-4}
215	豆甾烷			√	
216	4-甲基豆甾烷			√	√
217	藿烷			√	√
218	28-去甲基-17-β-(H)何伯烷			√	√

在 RHPF$_{1-1}$ 的各级萃取物中共检测到 218 种有机化合物（表 3-1），其中烷烃/氯代烷烃 25 种、芳烃/氯代芳烃 18 种、酮类 9 种、醛类 13 种、含氮化合物 38 种、有机酸 20 种、酯类 47 种、酚类 20 种及其他化合物 28 种。按各级萃取物中所检测到的化合物种类分别为 E_{1-1-1} 72 种、E_{1-1-2} 64 种、E_{1-1-3} 93 种和 E_{1-1-4} 76 种。另外，采用 NaOCl 水溶液为氧化剂，反应体系中存在氯取代反应，而在各级萃取物种共检测到 49 种含氯的有机化合物。

在所检测到的烷烃/氯代烷烃中，有 19 种正构烷烃（C$_{13}$～C$_{36}$）、5 种异构烷烃及 1 种氯代烷烃。这些烷烃可能源自稻壳蜡质的降解。芳烃/氯代芳烃中有 4 种苯系物、9 种甲基取代萘衍生物、2 种氯取代芳烃以及 2-甲基苯-3H-并-(E) 茚（77）和荧蒽（140）。芳烃及其衍生物可能来自稻壳中木质素的降解，CS$_2$ 对该类化合物有较好的富集作用。酮类中有 2 种环烷酮、2 种吡喃酮和 4 种含苯酮类化合物。共检测到 7 种含氯的醛类化合物，除三氯乙醛（6）之外，在萃取物中所检测到的醛类均含有苯环，这些醛类可能源自木质素的降解。这说明 NaOCl 水溶液对木质素的氧化降解是有效的，在与苯环相连的烷基（多为 C$_\alpha$ 原子）上发生氧化反应，而在苯环上发生氯取代反应。在萃取物中检测到丰富的含氮化合物，这些含氮化合物可以分为胺类（主要为酰胺）、氮杂环化合物、腈类、氨基化合物及磺胺等，其中以前两者最为丰富。这些含氮化合物可能来自稻壳中的营养成分，如氨基酸、蛋白质和脂质中。基于 NaOCl 水溶液氧化的特性，这些含氮化合物可能保留其在生物质内的原始结构形态，因此可为揭示 N 元素在生物质内的赋存状态和演化机制提供科学依据。CS$_2$ 对含氮化合物有很好的富集作用，尤其是对于酰胺和吡咯烷酮而言，其原因可能是 CS$_2$ 中的 C ═S 键与含氮化合物中的 C ═O 键之间强烈的 π—π 相互作用[176]。

在萃取物中检测到的羧酸可分为脂肪酸和苯甲酸衍生物，分别为 14 种和 6 种。苯甲酸类多为羟基和甲氧基取代，具有明显的木质素组成单元结构特征。酯类化合物主要有邻苯二甲酸酯和脂肪酸酯，分别为 28 种和 6 种。PE 和 CS$_2$ 中富集该类化合物，说明弱极性溶剂对酯类化合物的溶解性较好。值得注意的是，这些酯类化合物多是由苯环与长链脂肪酸或邻苯二甲酸与长链烷烃组成的，因此可以推断这些酯类可能是稻壳生物质中木质素与蜡质层的连接结构[229]。同芳烃类似,绝大多数酚类化合物是由木质素降解产生的,并且易与 NaOCl 发生氧化或取代反应。各萃取溶剂对该类化合物萃取效果相当,共检测到 11 种含氯酚类化合物,其中有 9 种为多氯取代。其他化合物主要包括甾烷、杂氧烷、醚类和含硫化合物。其中,检测到孕甾烷、20-甲基孕甾烷、胆甾烷、麦角甾烷、4-甲基麦角甾烷、豆甾烷和 4-甲基豆甾烷 7 种甾烷化合物(209~216)以及藿烷(217)和 28-去甲基-17-β-(H)何伯烷(218),它们常被认为是地球生物标志化合物。

由表 3-1 所列出的各类化合物,据其含量可计算出稻壳氧化降解产物中各类物质在各萃取物中的绝对含量(相对于氧化产物无灰干基质量),如图 3-7 所示。最为明显的特征是有超过 90% 的酯类化合物在 CS_2 中富集。另外,含氮化合物总含量也较高;然而 N 元素含量小于氧化产物总质量的 0.2%,符合元素分析结果。

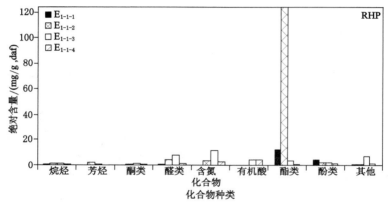

图 3-7　各类化合物在 $RHPF_{1-1}$ 各级萃取物中的含量

将 RHP 第一级氧化产物的萃余物经酸化后,进行分级萃取,再对 EE 和 EA 萃取物进行重氮甲烷酯化反应,所得萃取物 E_{1-2-1}、E_{1-2-2}、MEE_{1-1} 和 MEE_{1-2} 并进行 GC/MS 分析,如图 3-8 所示为各级萃取物的总离子流色谱图(TICs),表 3-2 所列为所检测到的各类有机化合物。

在 $RHPF_{1-2}$ 的各级萃取物中共检测到 186 种有机化合物(表 3-2),其中烷烃/氯代烷烃 5 种、芳烃/氯代芳烃 7 种、酮类 13 种、醛类 2 种、含氮化合物 26 种、有机酸 73 种、酯类 47 种及其他化合物 13 种。按各级萃取物中所检测到的化合物种类分别为 E_{1-2-1} 66 种、E_{1-2-2} 41 种、MEE_{1-1} 112 种和 MEE_{1-2} 74 种。反应体系中存在氯取代反应,而在各级萃取物种共检测到 39 种含氯的有机化合物。

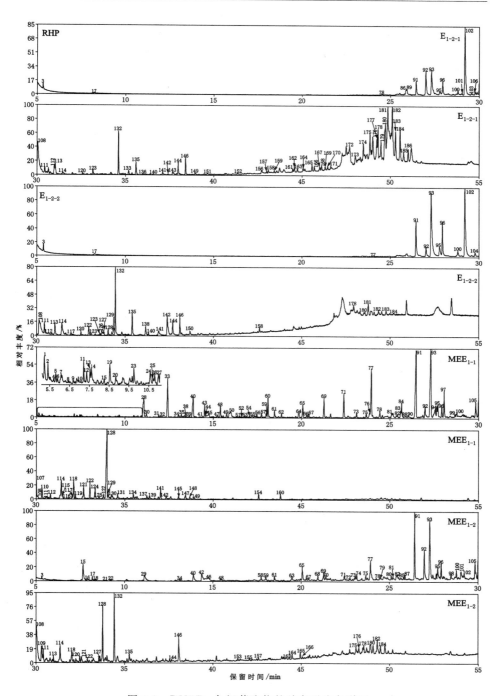

图 3-8　RHPF₁₋₂各级萃取物的总离子流色谱图

表 3-2 　　　　　　　RHPF$_{1-2}$各级萃取物中检测到的有机物

峰号	化合物	E$_{1-2-1}$	E$_{1-2-2}$	MEE$_{1-1}$	MEE$_{1-2}$
烷烃					
57	1,4-二氯丁烷			√	
136	十七碳烷	√			
151	二十碳烷	√			
152	二十五碳烷	√			
157	二十九碳烷	√			√
芳烃					
8	甲苯			√	
17	乙基苯	√	√		√
18	邻二甲苯				√
21	间二甲苯				√
62	1,3-二氯-2-氯甲基苯			√	
73	4-叔丁基氯化苄			√	√
150	荧蒽		√		
酮类化合物					
1	羟基丙酮			√	
2	氯丙酮			√	
9	2,4-戊二酮			√	
12	4-羟基-2-戊酮			√	
23	2,5-己二酮			√	
25	二氢-4-甲基-2(3H)-呋喃酮			√	
38	4-羟甲基-2(5H)-呋喃酮			√	
44	(R)-6-甲基四氢吡喃-2-酮			√	
109	二氢-5-戊基-2(3H)-呋喃酮				√
116	二氢-4-羟基-5-羟甲基 2(3H)-呋喃酮			√	
124	9H-3-甲氧基呫吨酮			√	
134	马萘雌甾酮			√	
138	2-羟基苯基-2,4-二氯肉桂酸-γ-内酯		√		
醛类化合物					
26	安息香醛			√	
79	3-氯-4-甲氧基苯甲醛				√

峰号	化合物	E_{1-2-1}	E_{1-2-2}	MEE_{1-1}	MEE_{1-2}
含氮化合物					
11	丙胺			√	
13	2-氨基-3-羟基丙酸甲酯			√	
14	2-乙基丁胺			√	
28	4-甲基咪唑			√	
35	3-氯苯肼			√	
40	2-羟基吡嗪			√	√
42	N-甲基丁二酰胺				√
46	2-吡咯烷二酮				√
49	4-氯甲基吡啶			√	
50	3-甲氧羰基吡唑			√	
60	5-氯-2-羟基苯胺			√	
70	3,4,4,-三甲基-异噁唑-5(4H)-酮				√
72	1,3,5-三(环氧乙烷基甲基)-1,3,5-三嗪-2,4,6-(1H,3H,5H)-三酮				√
75	3-羟基-4-硝基苯甲醛			√	√
102	N,N-二甲基对甲苯磺酰胺	√	√		√
106	2-氯-4,5-二羟基苯酰肼	√			
108	N-甲基对甲苯磺酰胺	√	√	√	√
122	双氨藜芦嘧啶		√	√	√
137	3-甲基吲哚			√	
139	2,3-二氢呋喃并[2,3-b]喹啉			√	
145	1,5-二甲基-3,3-二苯基-2-吡咯烷酮			√	
147	2-氯-4,5-二甲氧基苯甲酰肼			√	
148	3-氯-4,5-二甲氧基苯甲酰肼			√	
154	2,4-二甲基-苯并[h]喹啉			√	
156	(Z)-9-十八碳烯酰胺	√			
172	N,N-二(p-甲苯磺酰)甲胺	√			
有机酸					
4	3-丁烯酸			√	
6	丙酮酸			√	
7	氯乙酸			√	
10	4-戊烯酸			√	

峰号	化合物	E_{1-2-1}	E_{1-2-2}	MEE_{1-1}	MEE_{1-2}
15	二氯乙酸			√	√
24	2-氯-2-羟基丙酸			√	
27	2-氯-3-羟基丁酸			√	
29	3-氰基丙酸				√
30	乙酰丙酸			√	
33	丁二酸			√	
37	2-甲基丁二酸			√	
45	2-氯丁二酸			√	
48	戊二酸			√	√
51	2-甲基戊二酸			√	
53	苯乙酸			√	
54	2-甲基己二酸			√	
59	3-羟基-2-甲基戊二酸			√	√
65	(S)-扁桃酸			√	√
66	α-氧代苯乙酸			√	
69	庚二酸			√	
71	4-甲氧基苯甲酸			√	√
74	3-甲基庚二酸				√
76	3-氯-4-羟基苯甲酸			√	
77	辛二酸		√	√	√
78	邻苯二甲酸	√		√	√
80	2-甲基 6-庚烯酸				√
81	辛二酸			√	√
83	对甲苯磺酰甲酯			√	
85	十二烷酸				√
86	9-氧代癸酸	√			
88	1,3-苯二甲酸			√	
91	3-甲基壬二酸	√	√	√	
93	3-氯-4-甲氧基苯甲酸	√	√	√	√
94	壬二酸			√	
95	3,4-二甲氧基苯甲酸	√	√	√	√
96	3,5-二氯-4-甲氧基苯甲酸	√	√	√	√

峰号	化合物	E_{1-2-1}	E_{1-2-2}	MEE_{1-1}	MEE_{1-2}
97	2-甲基壬二酸			√	
99	3-氯-4-甲氧基苯基乙酸			√	
100	癸二酸	√	√	√	√
103	邻苯二甲酸	√			
104	2-氯-3,6-二甲氧基苯甲酸		√		
105	3-甲基癸二酸			√	√
107	5-甲基己酸			√	
110	5-(5-氧代-四氢呋喃酮)戊酸			√	
111	肉豆蔻酸	√	√	√	√
112	2-氯-3,6-二甲氧基苯甲酸	√	√	√	
113	十一烷二酸	√	√		√
114	2-氯-3,6-二甲氧基苯甲酸	√	√	√	√
115	2,5-二氯-3,6-二甲氧基苯甲酸			√	
117	9-甲基十二烷酸		√		
118	十三烷酸			√	√
119	10-十三烯酸			√	
120	十四烷酸	√	√		√
121	2,5-二氯-3,6-二甲氧基苯甲酸			√	√
123	十四烷二酸	√	√		
125	2,6,10-三甲基十三烷酸			√	
127	2,5-二氯-3,6-二甲氧基苯甲酸		√	√	√
128	3,5-二氯苯甲酸		√		√
129	(Z)-6-十四烯酸		√	√	
130	十三烷二酸			√	
131	13-甲基十四酸			√	
132	十六烷酸	√	√		√
133	十五烷二酸	√			
141	(Z)-6-十四烯二酸	√	√		
143	9,11-十八碳二烯酸	√			
144	(E)-9-十八碳烯酸	√	√		√
146	十七烷酸	√	√		√
149	2-甲基-6-十四烯二酸	√		√	

峰号	化合物	E_{1-2-1}	E_{1-2-2}	MEE_{1-1}	MEE_{1-2}
153	十八烷酸				√
155	十氢代-1,4α-二甲基-7-(1-甲基乙基)-1-菲羟酸				√
159	6-十四烯二酸	√			
164	2,5-二甲基-7-十六烯酸	√			√
171	十八烷二酸	√			
酯类化合物					
16	2-氯乙酸乙酯				√
19	1,2-乙二醇单乙酸酯			√	
20	1,2-丙二醇-2-乙酸酯			√	
22	二氯乙酸乙酯				√
31	乙酸丁酯			√	
32	甲基磺酸乙脂			√	
34	3-氰基丙酸乙酯			√	√
36	4-氧代戊酸乙酯			√	
43	丁酮二酸二乙酯			√	
52	丁二酸二乙酯			√	
55	戊二酸甲基乙基酯			√	
56	戊二酸二乙酯			√	
58	2-甲基-1,3-二氧杂环戊烷-2-丙酸乙酯				√
61	己二酸甲基乙基酯			√	√
67	己二酸二乙酯			√	√
68	2-乙酰氧基甲基丙酸乙酯				√
84	对苯二甲酸二乙酯			√	
90	8-羟基-辛酸甲酯乙酯			√	
92	4-甲苯磺酸乙酯	√	√		√
126	邻苯二甲酸丁基异己基酯		√		
135	邻苯二甲酸二丁酯	√	√		
140	16-甲基十七烷酸叔丁酯	√	√		
158	己二酸二辛酯		√		
160	N-(1-苄基-2-肼基-2-氧乙基)氨基甲酸叔丁酯			√	
161	十六烷二酸二甲酯	√			
162	十八烷酸苯基酯	√			

峰号	化合物	E$_{1\text{-}2\text{-}1}$	E$_{1\text{-}2\text{-}2}$	MEE$_{1\text{-}1}$	MEE$_{1\text{-}2}$
163	9,11-十八碳二烯酸苯基酯	√			√
165	邻苯二甲酸单(2-乙基己基)酯	√			√
166	辛二酸二辛酯	√			√
167	十六烷二酸甲基乙基酯	√			
168	3-甲基-十八烷酸对氯苯基酯	√			
169	十七碳二烯酸苯基酯	√			
170	十六烷二酸二苯酯	√			
173	邻苯二甲酸庚基环己基酯	√			
174	十八烷酸基苯基酯	√			
175	邻苯二甲酸辛基己基酯	√			√
176	邻苯二甲酸辛基环己基酯	√			√
177	邻苯二甲酸异癸基辛基酯	√			√
178	邻苯二甲酸-3-(2-甲氧基乙基)辛基壬基酯	√	√		√
179	邻苯二甲酸-二(7-甲基辛基)酯	√			
180	邻苯二甲酸二壬酯	√	√		
181	邻苯二甲酸壬基-(2-甲基壬基)酯	√	√		
182	邻苯二甲酸-5-甲氧基-3-甲基戊基壬基酯	√	√		√
183	邻苯二甲酸壬基环己基酯	√	√		
184	邻苯二甲酸-二(3,5二甲基壬基)酯	√	√		√
185	邻苯二甲酸二癸酯	√			
186	偏苯三酸三(2-乙基己基)酯	√			
其他化合物					
3	环己烯	√	√		√
5	2,2,4-三甲基-1,3-二噁茂烷			√	
39	反丁烯二酰氯			√	
41	二乙基砜			√	
47	6-十一醇			√	
63	3-甲基-2-丁烯-1-硫醇				√
64	1,3-二氯-2-丙醇		√		
82	4,5-二氯-2-甲氧基苯			√	√
87	1,2-二氯-4,5-二甲氧基苯				√
89	1,4-二氯-2,5-二甲氧基苯	√			

峰号	化合物	E_{1-2-1}	E_{1-2-2}	MEE_{1-1}	MEE_{1-2}
98	2-(4-氯-2-异丙基苯氧基)乙醇				√
101	1,2-二甲氧基-3,4,6-三氯苯	√			√
142	2-氨基-7,8-二氯-3-腈基-4,5-二氢萘[1,2-b]噻吩	√	√	√	

在所检测到的烷烃/氯代烷烃中,包括 4 种正构烷烃(C_{17}、C_{20}、C_{25} 和 C_{29})及 1 种氯代烷烃。这些烷烃可能源自稻壳蜡质的降解,PE 对来源于蜡质层的长链烷烃有较好的萃取效果。芳烃/氯代芳烃中有 4 种苯系物、2 种氯取代芳烃以及荧蒽(150)。酮类中有 2 种丙酮、2 种二酮、1 种戊酮、4 种呋喃酮、1 种吡喃酮、9H-3-甲氧基呫吨酮(124)、马萘雌甾酮(134)和 2-羟基苯基-2,4-二氯肉桂酸-γ-内酯(138)。乙醚表现出对酮类化合物的优良萃取效果。2 种醛类化合物安息香醛(26)和 3-氯-4-甲氧基苯甲醛(79)均含有苯环,可能源自木质素的降解。在萃取物中检测到种类丰富的含氮化合物,这些含氮化合物可以分为胺类(主要为酰胺)、氮杂环化合物、酰肼、腈类、氨基化合物及磺胺等,其中前两者含量最为丰富。氮杂环化合物中有咪唑(28)、吡嗪(40)、吡咯(46、145)、吡啶(49)、吡唑(50)、噁唑(70)、嘧啶(122)、吲哚(137)和喹啉(139、154),这些含氮化合物可能来自稻壳中的营养成分(如氨基酸、蛋白质和脂质),也可能来自某些半纤维素结构。基于 NaOCl 水溶液氧化的特性,这些含氮化合物可能保留其在生物质内的原始结构形态,因此可为揭示 N 元素在生物质内的赋存状态和演化机制提供科学依据。PE 对酯类、有机酸和含氮化合物均有较好的萃取效果。CS_2 对含氮化合物有很好的富集作用,尤其是对于酰胺和吡咯烷酮而言,其原因可能是 CS_2 中的 C ═S 键与含氮化合物中的 C ═O 键之间强烈的 π—π 相互作用[176]。在萃取物中检测到的有机酸可分为一元酸和二元酸,分别有 44 种和 29 种;氯取代酸和非氯取代酸分别有 19 种和 54 种。共检测到含苯羧酸 18 种。丰富的长链脂肪酸(如 129～133、141～144、164 和 171)可能来自于稻壳蜡质层的氧化降解,而含苯羧酸则主要源于木质素的降解。PE 和 EE 对酯类化合物有较好的富集作用,这些酯类化合物多是由苯环与长链脂肪酸或邻苯二甲酸与长链烷烃组成的,因此可以推断这些酯类可能是稻壳生物质中木质素与蜡质层的连接结构[229]。其他化合物主要包括氯代甲氧基苯(82、87、89 和 101)、杂氧烷、醇类和含硫化合物。

由表 3-2 所列出的各种化合物,据其含量可计算出各类物质在 $RHPF_{1-2}$ 各萃取物中的绝对含量(相对于氧化产物萃取物的无灰干基质量),如图 3-9 所示。图中最为明显的特征是有机酸含量约为 250 mg/g。含氮化合物含量也较高,总含量超过了 100 mg/g。

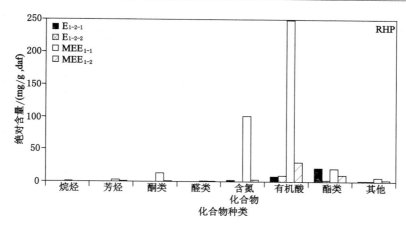

图 3-9　各类化合物在 $RHPF_{1-2}$ 各萃取物中的含量

WSP 的第一级氧化过程也如 RHP 相同,对第一级氧化产物滤液 $WSPF_{1-1}$ 进行分级萃取,所得各级萃取物(E_{1-1-1}~E_{1-1-4})采用 GC/MS 分析,图 3-10 所示为各级萃取物的总离子流色谱图(TICs),所检测到的有机化合物列于表3-3中。

在 $WSPF_{1-1}$ 的各级萃取物中共检测到 146 种有机化合物(表 3-3),其中烷烃13 种、烯烃/氯代烯烃 2 种、芳烃/氯代芳烃 9 种、酮类 23 种、醛类 7 种、含氮化合物 21 种、有机酸 14 种、酯类 28 种、酚类 11 种及其他化合物 18 种。按各级萃取物中所检测到的化合物种类分别为 E_{1-1-1} 59 种、E_{1-1-2} 65 种、E_{1-1-3} 26 种和 E_{1-1-4} 65 种。另外,采用 NaOCl 水溶液为氧化剂,反应体系中存在氯取代反应,而在各级萃取物种共检测到 39 种含氯的有机化合物。

在所检测到的烷烃/氯代烷烃中,有 12 种正构烷烃(C_{11}~C_{30})和 1 种多甲基取代烷烃(110),主要分布于 PE 和 EA 萃取物中。这些烷烃可能源自稻壳蜡质的降解,但并未发生进一步的氧化反应。所检测到的 2 种烯烃均为氯代丙烯(35 和 43)。芳烃中有 3 种苯系物和 6 种甲基萘衍生物,可能来自麦秆中木质素的降解,主要存在于 CS_2 萃取物中。酮类化合物中有 8 种呋喃酮、2 种吡喃酮、2种二酮和 4 种含苯酮类化合物,在萃取物 E_{1-1-1} 和 E_{1-1-2} 中含量较高。其中呋喃酮可能来自半纤维素的降解,而吡喃酮可能是纤维素的降解产物,含苯酮类化合物可能由木质素的降解而来。5-庚基-4-甲基-2,3-二氢呋喃酮(72)和二氢-5-戊基-2(3H)-呋喃酮(76)拥有烷烃侧链,可能是连接半纤维素和蜡质的化合物结构类型[229]。共检测到 7 种含氯的醛类化合物,除三氯乙醛(4)外,在萃取物中所检测到的醛类均含有苯环,且均为甲氧基或羟基取代,具有鲜明的木质素结构单元特征,表明这些醛类可能源自木质素的降解。在 6 种苯醛类化合物种有 3 种(65、91 和 95)为氯取代,这说明 NaOCl 水溶液对木质素的氧化降解是有效的,在与苯环相连的烷基(多为 C_α 原子)上发生氧化反应,而在苯环上发生氯取代反应。

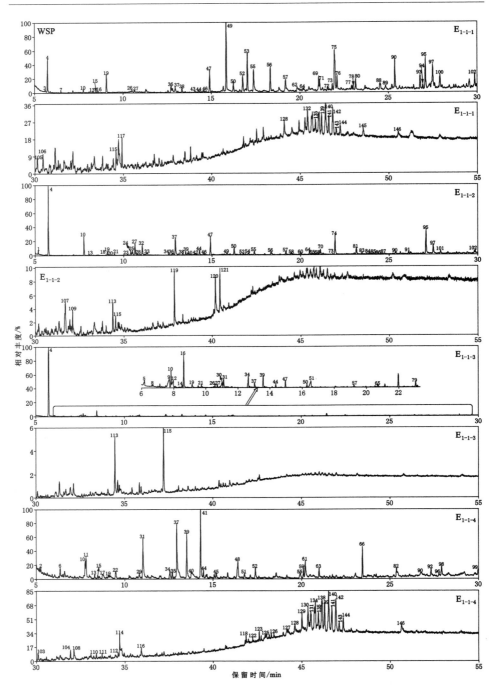

图 3-10　WSPF$_{1-1}$各级萃取物的总离子流色谱图

表 3-3   **WSPF$_{1-1}$各级萃取物中检测到的有机物**

峰号	化合物	E$_{1-1-1}$	E$_{1-1-2}$	E$_{1-1-3}$	E$_{1-1-4}$
烷烃					
45	十一碳烷				√
59	十三碳烷				√
97	十五碳烷	√	√		
98	十六碳烷				√
103	十七碳烷				√
104	十八碳烷				√
108	二十碳烷				√
110	2,6,10,14-四甲基十六烷				√
112	二十二碳烷				√
128	二十四碳烷	√			√
132	二十五碳烷	√			
145	二十八碳烷	√			
146	三十碳烷	√			√
烯烃					
35	1,1,2,3-四氯丙烯				√
43	2,3-二氯-1-丙烯	√			
芳烃					
7	甲苯	√			
13	乙苯	√	√		√
15	间二甲苯	√			√
64	2-甲基萘	√	√		
67	1-甲基萘		√		
83	1,6-二甲基萘		√		
84	2,3-二甲基萘		√		
85	1,7-二甲基萘		√		
87	2,3,6-三甲基萘		√		
酮类化合物					
1	羟基丙酮		√		
10	4-羟基-4-甲基-2-戊酮	√	√	√	√
19	环己酮	√	√	√	√
23	3-己烯-2,5-二酮		√		

峰号	化合物	E_{1-1-1}	E_{1-1-2}	E_{1-1-3}	E_{1-1-4}
24	3-甲基-二氢-2(3H)-呋喃酮		√		
25	3,4-二甲基二氢-2(3H)-呋喃酮		√		
26	3-己烯-2,5-二酮	√		√	
27	四氢吡喃-2-酮	√	√	√	
38	5-乙基-二氢-2(3H)-呋喃酮	√	√		
42	苯乙酮		√		
46	6-甲基-四氢-2H-吡喃-2-酮	√	√		
54	六氯丙酮		√		
60	2-氯苯乙酮		√		
68	1,1,3,3-四氯丙酮		√		
72	5-庚基-4-甲基-2,3-二氢呋喃酮	√			
76	二氢-5-戊基-2(3H)-呋喃酮	√			
77	δ-辛内酯	√			
79	六氯丙酮			√	
89	二氢-5-己基-2(3H)-呋喃酮	√			
93	5,6,7,7a-四氢-4,7,7a-三甲基-2-(4H)-苯并呋喃酮	√			
94	二氢-5-辛基-2(3H)-呋喃酮	√			
109	4-羟基-3,5,5-三甲基-4-(3-氧代-1-丁烯基)-2-环己烯-1-酮		√		
115	1,1-双(4-氯苯基)2,2-二甲基-3-丙酮	√	√	√	
醛类化合物					
4	三氯乙醛	√	√	√	
28	苯甲醛		√		
65	2-氯-4-羟基苯甲醛		√	√	
80	异香草醛	√			
81	香草醛		√		
91	5-氯香草醛		√		
95	2-氯-3-羟基-4-甲氧基苯甲醛	√	√	√	
含氮化合物					
6	二乙酰基胺				√
8	羟基乙腈			√	
31	丁二腈			√	√

峰号	化合物	E_{1-1-1}	E_{1-1-2}	E_{1-1-3}	E_{1-1-4}
34	2,2-二氯乙酰胺		√	√	√
37	N-甲基吡咯烷酮	√	√	√	√
39	戊二腈		√	√	√
41	2-吡咯烷酮				√
44	N-甲基吡咯烷-2,5-二酮	√	√	√	√
48	2,5-吡咯烷二酮				√
49	苄腈	√	√		
50	2,2-二氯乙酰胺	√	√	√	
56	2,2,2-三氯乙酰胺	√	√		
62	3-氯-4-甲基苄腈	√			
86	4-羟基-3-甲氧基苄腈		√		
102	N-甲基对甲苯磺酰胺	√	√		
107	3,5-二甲氧基-4-羟基苯酰肼		√		
113	2-[4-氯苯乙烯基]-4-氯嘧啶		√	√	
118	4-苄基吡啶				√
119	十六酰胺		√		
120	(Z)-9-十八碳烯酰胺		√		
121	十八酰胺		√		
有机酸					
5	2-甲基丙酸			√	
9	3-甲基丁酸			√	
12	2-甲基丁酸			√	
14	2,3-二甲基丁酸			√	
17	氯乙酸				√
21	4-羟基丁酸			√	√
29	己酸				√
30	辛酸			√	
33	4-甲基-3-戊烯酸		√		
51	安息香酸			√	√
57	壬酸	√	√	√	
73	癸酸	√	√		
106	肉豆蔻酸	√			

峰号	化合物	E_{1-1-1}	E_{1-1-2}	E_{1-1-3}	E_{1-1-4}
116	十八碳酸				√
酯类化合物					
11	乙二醇单乙酸酯				√
71	2-氯丙酸甲酯	√			
74	对硝基苯基氯甲酸酯		√		
88	邻苯二甲酸二甲酯	√			
99	邻苯二甲酸二乙酯				√
101	丁二酸二异丁基酯		√		
111	丁二酸甲基-二(1-甲基丙基）酯				√
117	邻苯二甲酸二异丁酯	√			
122	2,2-二甲基丙酸苯酯				√
123	邻苯二甲酸-(2-甲基)丁基戊基酯				√
124	己二酸二戊酯				√
125	辛酸苯基酯				√
127	邻苯二甲酸单(2-乙基己基)酯				√
129	十二烷酸苯基酯				√
130	己二酸二辛酯				√
131	十六烷酸苯基酯				√
133	6-十四烯酸苄基酯				√
134	十七烷酸苯基酯				√
135	邻苯二甲酸二己酯	√			√
136	邻苯二甲酸己基异丁基酯				√
137	邻苯二甲酸二庚酯				√
138	邻苯二甲酸单(2-乙基己基)酯				√
139	邻苯二甲酸庚基环己基酯	√			√
140	邻苯二甲酸辛基己基酯	√			√
141	十八烷酸基苯基酯	√			√
142	邻苯二甲酸辛基环己基酯	√			√
143	邻苯二甲酸异癸基辛基酯	√			√
144	邻苯二甲酸-3-(2-甲氧基乙基)辛基壬基酯	√			√
酚类化合物					
32	苯酚		√		

峰号	化合物	E$_{1-1-1}$	E$_{1-1-2}$	E$_{1-1-3}$	E$_{1-1-4}$
52	2,4-二氯苯酚	√	√		√
55	对氯苯酚	√	√		√
61	对叔丁酚				√
66	4-叔丁基-2-氯苯酚				√
75	2,6-二氯苯酚	√			
78	5,6-二氯愈创木酚	√			
90	4,5-二氯-2-甲氧基苯酚	√	√		√
100	3,4,6-三氯愈创木酚	√			
105	四氯愈创木酚	√			
126	2-(羟甲基)-6-酚基-四氢-吡喃-3,5-二酚				√
其他化合物					
2	2-甲基丁酰氯				√
3	2,5-二甲基呋喃	√			
16	2,2-二氯乙醇	√		√	
18	苯并环丁烯		√		
20	乙二醇丁醚		√		
22	二甲亚砜				√
36	苯甲醇	√	√		
40	正辛醇		√		
47	氧代二氯甲烷	√	√	√	
53	三氯乙酰氯	√			
58	对氯-α-氯甲基苯甲醇		√		
63	三环[4.1.1.0(2,5)]辛烷				√
69	氯硝基甲烷	√			
70	1,1,2,5,6,6-六氯-1,5-环己二烯		√		
82	苯基辛基醚				√
92	丙基异丙基醚				√
96	1-氯-2,6-二甲氧基萘				√
114	1,1-二氯-2,2-双(4-氯苯基)乙烷				√

在各级萃取物中均检测到种类丰富的含氮化合物,尤其是在 CS$_2$ 萃取物 E$_{1-1-2}$ 中。CS$_2$ 对含氮化合物有很好的富集作用,尤其是对于酰胺和吡咯烷酮而言,其原

因可能是 CS_2 中的 C═S 键与含氮化合物中的 C═O 键之间强烈的 π—π 相互作用[176]。这些含氮化合物可以分为胺类(主要为酰胺)、氮杂环化合物、酰肼、腈类、氨基化合物及磺胺等,其中前两者含量最为丰富。氮杂环化合物中有吡咯(37、41、44 和 48)、嘧啶(113)和吡啶(118),这些含氮化合物可能来自麦秆中的营养成分(如氨基酸、蛋白质和脂质等),也可能是某些半纤维素结构。基于 NaOCl 水溶液氧化的特性,这些含氮化合物可能保留其在生物质内的原始结构形态,因此可为揭示 N 元素在生物质内的赋存状态和演化机制提供科学依据。

在 $WSPF_{1-1}$ 的各级萃取物中检测到的羧酸大多为脂肪酸,有 13 种,仅检测到一种含苯羧酸(安息香酸,峰号为 51)。这些脂肪酸可能源自麦秆中脂质降解,也可能是蜡质层中长链烷烃的氧化产物。在 EA 萃取物 E_{1-1-4} 中检测到大量酯类化合物,主要有邻苯二甲酸酯和脂肪酸苯基酯,分别为 14 种和 7 种。同样,这些酯类化合物多是由苯环与长链脂肪酸或邻苯二甲酸与长链烷烃组成的,因此可以推断这些酯类可能是稻壳生物质中木质素与蜡质层的连接结构。邻苯二甲酸酯多用于塑料等化工材料的添加剂,而长链脂肪酸酯是柴油的主要成分。绝大多数酚类化合物是由木质素降解产生,并且易与 NaOCl 发生氧化或取代反应。在所检测到的 11 种酚类化合物中,有 8 种为含氯原子,且均位于苯环。其他化合物主要包括烯烃、杂氧烷、酰氯、醚类和含硫化合物,大多含有氯原子。

由表 3-3 所列出的各化合物,据其含量可计算出麦秆氧化降解产物中各类物质在各萃取物中的绝对含量(相对于氧化产物无灰干基质量),如图 3-11 所示。最为明显的特征是在 EE 萃取物 E_{1-1-3} 中检测到的醛类化合物,含量超过了 18 mg/g。此外,含氮化合物总含量也较高,约为 10 mg/g。

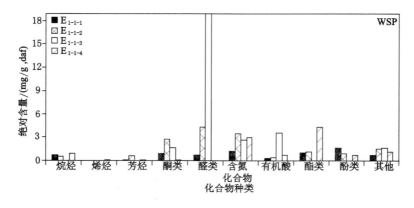

图 3-11　$WSPF_{1-1}$ 各级萃取物中各类化合物的含量图

图 3-12 为 $WSPF_{1-2}$ 各萃取物的总离子流色谱图,所检测到的有机化合物列于表 3-4 中。

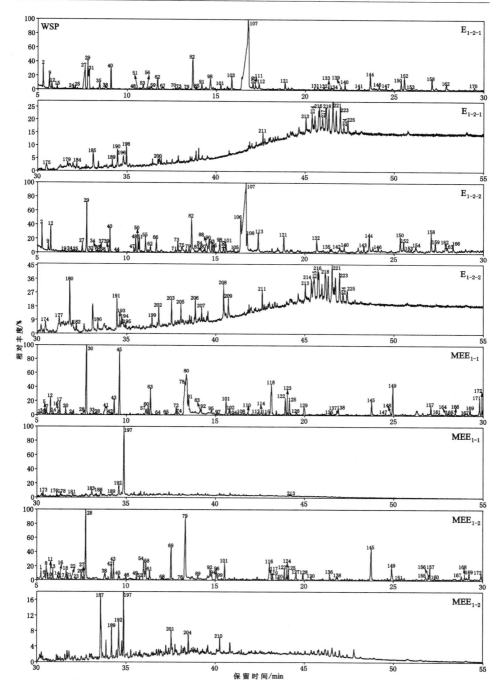

图 3-12　WSPF$_{1-2}$各级萃取物的总离子流色谱图

表 3-4　　　　　　　　**WSPF$_{1-2}$ 各级萃取物中检测到的有机物**

峰号	化合物	E$_{1-2-1}$	E$_{1-2-2}$	MEE$_{1-1}$	MEE$_{1-2}$
烷烃/氯代烷烃					
115	1,2-二氯己烷			√	
207	十九碳烷		√		
烯烃/氯代烯烃					
9	三氯乙烯	√	√		
56	1,1,2,3-四氯丙烯	√			
70	1,2,3,3-四氯丙烯	√			
91	2-氯-1,3-丁二烯	√			
93	3,3-二氯-2-丁烯		√		
95	1,1,2,2-四氯-1,3-丁二烯		√	√	
106	1,3-二氯-2-戊烯		√		
140	1,1,2,5,6,6-六氯-1,5-己二烯	√	√		
芳烃/氯代芳烃					
19	甲苯		√		
32	邻二甲苯		√		
36	对二甲苯		√		
81	2-甲基萘			√	
113	2,3-二甲萘		√	√	
123	1,2-二氯-4-氯甲基萘			√	
131	2,5,6-三甲基萘	√			
酮类化合物					
1	羟基丙酮			√	√
16	单(O-甲基肟)-2,3-丁二酮			√	√
20	1,1-二氯丙酮			√	
24	4-甲基-3-戊烯酮	√	√	√	
37	1,3-二氯丙酮		√		
29	4-羟基-4-甲基-2-戊酮	√	√		
40	环己酮	√	√		
47	二氢-3-甲基 2(3H)-呋喃酮		√		
48	3-己烯-2,5-二酮	√	√		
50	四氢-2H-2-吡喃酮		√		
51	1,1,3-三氯丙酮	√	√		

峰号	化合物	E_{1-2-1}	E_{1-2-2}	MEE_{1-1}	MEE_{1-2}
73	1,1,3,3-四氯丙酮	√	√		
79	二氢-5-丁基-2(3H)-呋喃酮	√	√		√
86	1,1,1,3,3-五氯丙酮			√	
89	巯基丙酮				√
90	δ-己醇内酯		√		
133	2-乙基环己酮	√			
135	3-氯-4(二氯甲基)5-羟基-2(5H)-呋喃酮		√		
143	4-苯基-3-丁烯-2-酮		√		
159	5,6,7-三甲氧基茚酮		√		
188	13-乙基-3-甲氧基-12,13,15,16-四氢-11H-a-雄甾烷-17(14H)-酮			√	
191	3-(2,4,6-三甲基-3,6-二氧代环己-1,4-二烯基)-2(5H)-呋喃二酮		√		
197	3-甲氧基-雌甾烷-1,3,5,7,9-五烯-17-酮			√	√
205	2-(4-氯苯基)-2-(4-氯苯基)-1H-异吲哚-1,3(2H)-二酮		√		
醛类化合物					
12	三氯乙醛	√	√	√	
132	2-氯-4-羟基苯甲醛	√	√		
142	香草醛		√		
152	3,5-二氯-2-羟基苯甲醛	√			
154	5-氯香草醛		√		
158	2-氯-3-羟基-4-甲氧基苯甲醛	√	√		
含氮化合物					
22	三氯硝基甲烷				√
58	4-甲基咪唑				√
75	N-甲基吡咯烷酮		√		
76	3-氰基丙酸乙酯				√
77	3-甲基吡咯烷酮	√			
87	N-甲基-2,5-吡咯烷二酮		√		
103	苯乙腈	√			
104	2-醛基咪唑			√	
105	2,2-二氯乙酰胺		√		

峰号	化合物	E_{1-2-1}	E_{1-2-2}	MEE_{1-1}	MEE_{1-2}
109	2,2,2-三氯乙酰胺	√			
119	4-氯-1-甲基-吡唑-5-甲酰肼				√
124	2-氯苄腈				√
126	5H-茚[1,2-b]吡啶-5-酮			√	
127	3-氯苄腈				√
136	3-丙基喹啉			√	√
137	2,4-二甲基-7-氯喹啉			√	
148	2,6-二甲基-4-嘧啶胺			√	
163	邻氯苯胺		√		
167	5-硝基-1,3-苯并二噁戊环			√	√
169	N,N-二甲基对甲苯磺酰胺			√	√
171	癸酰胺			√	
172	N-甲基对甲苯磺酰胺			√	√
178	3,5-二氯-2,6 二乙基-4-羟基吡啶			√	
179	3-甲氧基-4-羟基苯酰肼	√			
181	3,5-二甲氧基-4-羟基苯酰肼			√	
184	2,4,6-三氯苄腈	√			
187	6-氮杂胸腺嘧啶				√
190	2-(4-氯苯乙烯)-4-氯嘧啶	√			
201	15-氯十三烷酰胺				√
202	7-氯-9-硝基-1-氮杂-苯并噁嗪		√		
203	十四烷酰胺		√		
206	5-氯-4-苯基-5,6,7,8-四氢吖啶		√		
208	十六烷酰胺		√		
209	十八烷酰胺		√		
210	1,3-二氨基-8,9-二氯-5,6-二氢苯并[f]喹唑啉				√

有机酸

峰号	化合物	E_{1-2-1}	E_{1-2-2}	MEE_{1-1}	MEE_{1-2}
3	三丁烯酸			√	
4	2-甲基丙酸			√	
6	丙酸				√
7	羟基乙酸			√	
15	2-甲基丙酸	√			

峰号	化合物	E_{1-2-1}	E_{1-2-2}	MEE_{1-1}	MEE_{1-2}
17	氯乙酸			√	√
18	(2S,3S)-2-氨基-3-甲氧基丁酸				√
28	二氯乙酸			√	√
27	3-甲基丁酸	√	√		√
30	3-氯丙酸				√
31	2-甲基丁酸	√			
33	2,2-二氯丙酸			√	
34	戊酸		√		
35	丁酸	√			
38	氯乙酸	√	√	√	√
41	3-氯丁酸			√	
44	丁酮酸		√		
45	2,2,3-三氯丁酸			√	√
46	丙二酸				√
52	2,3-二氯丙酸				√
53	己酸	√			
54	2-氯-3-羟基丁酸				√
57	2,2-二氯-3-羟基丁酸			√	
60	3-氰基丙酸			√	
61	三氯乙酰酐				√
62	4-甲基-3-戊酸	√	√		
63	三氯乙酰酐			√	
64	2,2,3,3-四氯丁酸			√	
65	乙酰丙酸			√	
66	3-氯丁酸		√		
68	乙酰氧基乙酸				√
69	丁二酸				√
74	戊二酸			√	
78	己二酸			√	
80	2,3-二氯丙酸			√	
82	(S)-2-氯-3-甲基丁酸	√	√		
83	3-氯丙烯酸		√		

峰号	化合物	E_{1-2-1}	E_{1-2-2}	MEE_{1-1}	MEE_{1-2}
84	2-氯-3-羟基戊酸		√		
94	3-甲氧基-2-甲基丁酸				√
97	2-氯-3-氧代丁酸			√	
98	2,2,3-三氯丙酸	√	√		
99	苹果酸				√
100	3,3-二氯戊酸		√		
101	4-(2-甲氧基-1-甲基-2-氧代乙氧基)丁酸	√	√	√	√
102	3-羟基癸酸			√	
107	安息香酸	√	√		
110	2,2,3,3-四氯丙酸			√	
111	2-氯丁酸	√			
114	2-羟基癸酸			√	
117	3-羟基-2-甲基戊二酸				√
120	2-羟基-3-甲氧基丁二酸				√
121	扁桃酸	√	√		
125	2-氯对苯二甲酸			√	
130	2-甲氧羰基丁二酸				√
138	呋喃-2,5-二甲酸			√	
144	2-氯苯乙酸		√		
145	3-氯-4-羟基苯甲酸			√	√
146	4-氯苯乙酸	√	√		
147	邻苯二甲酸	√		√	
149	2-氯-3-二氯甲基-丁二烯酸			√	√
151	对甲苯磺酸				√
156	4-乙氧基庚二酸				√
160	3,4-二羟基噻吩-2,5-二甲酸				√
161	辛二酸			√	
162	3-甲氧基邻苯二甲酸	√	√		
164	3,5-二氯-4-甲氧基苯甲酸			√	
165	壬二酸			√	
189	棕榈酸	√		√	√
192	4-甲基-1,3-苯二甲酸			√	√

峰号	化合物	E_{1-2-1}	E_{1-2-2}	MEE_{1-1}	MEE_{1-2}
200	9-十八碳烯酸	√			
204	16-甲氧基十七烷酸				√
酯类化合物					
10	丙酸乙酯				√
21	羟基乙酸乙酯				√
42	2-乙酰氧基乙酸乙酯			√	√
43	二氯乙酸乙酯			√	√
88	氯代丙二酸二乙酯		√		
92	丁二酸甲基乙基酯			√	√
157	对甲苯磺酸乙酯			√	√
180	2-丁烯基丙二酸二乙酯		√		
183	苯甲酸 4-丁基-2-烯-3-辛酯		√		
185	邻苯二甲酸异丁基十三烷基酯	√			
186	邻苯二甲酸-6-以及-3-辛基异丁基酯		√		
196	邻苯二甲酸丁基异丁基酯	√			
198	邻苯二甲酸二丁酯	√			
199	邻苯二甲酸-4-氯苯基-4-甲氧苯基酯		√		
211	邻苯二甲酸辛基异戊基酯	√	√		
212	邻苯二甲酸辛基己基酯		√		
213	十八烷酸基苯基酯	√	√		
214	邻苯二甲酸辛基环己基酯	√	√		
215	邻苯二甲酸-2-(2-甲氧基乙基)庚基壬基酯	√	√		
216	邻苯二甲酸-3,5-二甲基苯基酯	√	√		
217	邻苯二甲酸-二(7-甲基辛基)酯	√	√		
218	邻苯二甲酸二壬酯	√	√		
219	邻苯二甲酸壬基-(2-甲基壬基)酯	√			
220	邻苯二甲酸-3-(2-甲氧基乙基)辛基壬基酯		√		
221	邻苯二甲酸-5-甲氧基-3-甲基戊基壬基酯	√	√		
222	邻苯二甲酸壬基环己基酯	√	√		
223	邻苯二甲酸-二(3,5-二甲基壬基)酯	√	√		
224	邻苯二甲酸二癸酯	√	√		
225	偏苯三酸三(2-乙基己基)酯	√	√		

峰号	化合物	E_{1-2-1}	E_{1-2-2}	MEE_{1-1}	MEE_{1-2}
酚类化合物					
55	苯酚		√		
85	邻甲酚	√			
108	2,4-二氯苯酚		√	√	
112	3-氯苯酚	√			
139	2,4,6-三氯苯酚	√			
141	3,4-二氯愈创木酚	√			
150	4,5-二氯-2-甲氧基酚	√	√		
153	2,6-二叔丁基-4-甲基苯酚	√	√		
166	2,6-二氯-4-(1-异丁基)苯酚		√	√	
168	2,5-二羟基联苯				√
174	2,3,5-三氯-6-甲氧基酚		√		
175	3,4,6-三氯愈创木酚	√			
其他化合物					
2	2-甲基丙酰氯	√	√		
5	2,2-二甲基-1,3-二氧戊环			√	
8	1-氯-2-丙醇				√
11	2-乙氧基乙醇				√
13	2,2,4-三甲基-1,3-二氧戊环				√
14	1-氯-2-甲基-2-丙醇			√	√
23	氯丁醇				√
25	戊酰氯	√	√		
26	2-甲氧基丙烷				√
39	苯乙烯		√		
49	1,3-二氯-2-丙醇				√
59	1,1,1-三氯-2-甲基-2-丙醇	√			
67	二乙酰甲苯	√			
71	苄醇		√		
72	二氯乙酰氯			√	
96	1-氯-4-乙氧基丙烷				√
116	3-乙氧基-2-丙醇				√
118	1-氯-4-乙氧基苯			√	
122	4-(甲基二氧甲基)-1,2-二甲氧基苯			√	√
128	1-氯-3-乙氧基-2-丙醇				√

峰号	化合物	E_{1-2-1}	E_{1-2-2}	MEE_{1-1}	MEE_{1-2}
129	4-甲基环己基甲醇			√	
134	5,6-二氢-3-乙氧羰基-2-甲基-4H-吡喃	√			
155	3,4-二丁基噻吩				√
170	3,3′5,5′-四甲基-4,4′-联苯醌	√			
173	二乙二醇二甲醚			√	
176	α,α-4-三甲基-3-环己烯甲醇			√	
177	六硫环辛烷		√		
182	1,5-二氯-2,6-二甲氧基萘		√		
193	2,2-双(4-氯苯基)乙醇		√		
194	二苯砜		√		
195	2-氯-1-甲氧基-4-硝基苯		√		

在 $WSPF_{1-2}$ 的各级萃取物中共检测到 225 种有机化合物(表 3-4),其中有烷烃/氯代烷烃 2 种、烯烃/氯代烯烃 8 种、芳烃/氯代芳烃 7 种、酮类 24 种、醛类 6 种、含氮化合物 35 种、有机酸 71 种、酯类 29 种、酚类 12 种及其他化合物 31 种。按各级萃取物中所检测的化合物种类分别为 E_{1-2-1} 68 种、E_{1-2-2} 88 种、MEE_{1-1} 76 种和 MEE_{1-2} 67 种。另外,采用 NaOCl 水溶液为氧化剂,反应体系中存在氯取代反应,而在各级萃取物种共检测到 97 种含氯的有机化合物。

只在 EE 和 CS_2 萃取中检测到 2 种烷烃/氯代烷烃,即 1,2-二氯乙烷(115)和十九碳烷(207)。所有检测到的烯烃均为氯代烯烃,包括乙烯、丙烯、丁烯、丁二烯、戊烯和己烯。芳烃中有 3 种苯系物和 4 种甲基萘衍生物,可能来自麦秆中木质素的降解,主要富集于 EE 和 CS_2 萃取物中。酮类化合物中有 5 种氯代丙酮、4 种呋喃酮、2 种吡喃酮、4 种二酮、2 种环烷酮、2 种含苯酮类化合物和 2 种雄甾酮(188 和 197)等。其中呋喃酮可能来自半纤维素的降解,而吡喃酮可能是纤维素的降解产物,含苯酮类化合物可能由木质素的降解而来。除三氯乙醛(12)外,其他 5 种醛类化合物均为苯甲醛。在萃取物中所检测到的醛类均含有苯环,且均为甲氧基或羟基取代,具有鲜明的木质素结构单元特征,表明这些醛类可能源自木质素的降解。在 6 种苯醛类化合物中除香草醛(142)外均为氯取代,这说明 NaOCl 水溶液对木质素的氧化降解是有效的,在与苯环相连的烷基(多为 $C_α$ 原子)上发生氧化反应,而在苯环上发生氯取代反应。

在各级萃取物中均检测到了种类丰富的含氮化合物。这些含氮化合物可以分为胺类(主要为酰胺)、氮杂环化合物、酰肼、腈类、氨基化合物及磺胺等,其中前两者含量最为丰富。氮杂环化合物中有咪唑(58)、吡咯(75、77 和 87)、吡唑(104 和 119)、吡啶(126 和 178)、喹啉(136 和 137)、嘧啶(148、187 和 190)、噁嗪

（202）、吖啶（206）和喹唑啉，这些含氮化合物可能来自麦秆中的营养成分（如氨基酸、蛋白质和脂质），也可能来自某些半纤维素结构中。此外，烷酰胺的种类也很丰富，有2,2,2-三氯乙酰胺（109）、癸酰胺（171）、15-氯十三烷酰胺（201）、十四烷酰胺（203）、十六烷酰胺（208）和十八烷酰胺（209）。基于 NaOCl 水溶液氧化的特性，这些含氮化合物可能保留其在生物质内的原始结构形态，有助于揭示 N 元素在生物质内的赋存状态和演化机制。

在本研究实验条件下，生物质氧化降解后，许多羧酸以离子形式溶解于水相中，必须经历酸化，使其由—COO$^-$转变为—COOH状态，以便于采用溶剂萃取提取。另外，由于苯酚的弱碱性，在反应后溶液中呈 Ar—O$^-$形态，将其酸化后转变为 Ar—OH 以便于溶于有机相。在 WSPF$_{1-2}$ 的各级萃取物中检测到的种类丰富且含量高的羧酸，以 EE 和 EA 对有机酸的萃取效果最好；所检测到的羧酸大多为脂肪酸及其衍生物，仅检测到 9 种含苯羧酸，如苯甲酸（107、145 和164）和苯乙酸（144 和 146）；所检测到的含氯有机酸共有 28 种。这些脂肪酸可能源自麦秆中脂质的降解，也可能是蜡质层中长链烷烃的氧化产物。

在 EA 萃取物 E$_{1-1-4}$ 中检测到大量酯类化合物，主要有邻苯二甲酸酯和脂肪酸乙酯，分别为 18 种和 8 种。同样，这些酯类化合物多是由苯环与长链脂肪酸或邻苯二甲酸与长链烷烃组成的，因此可以推断这些酯类可能是稻壳生物质中木质素与蜡质层的连接结构[229]。绝大多数酚类化合物是由木质素降解产生的，并且易与 NaOCl 发生氧化或取代反应。在所检测到的 12 种酚类化合物中，有 8 种为含氯原子，且均位于苯环。酚类化合物的苯环反应活性较高，反应过程中易发生氯取代反应。其他化合物主要包括 12 种醇类、3 种杂氧烷、甲（乙）氧基苯、酰氯、醚类、烯烃和含硫化合物。

由表 3-4 所列出的各类化合物，据其含量可计算出麦秆氧化降解产物萃余液 WSPF$_{1-2}$ 中各类物质在各萃取物中的绝对含量（相对于氧化产物无灰干基质量），如图 3-13 所示。EE 和 EA 对有机酸、酮类和含氮化合物均有较好的萃取效果。有机酸含

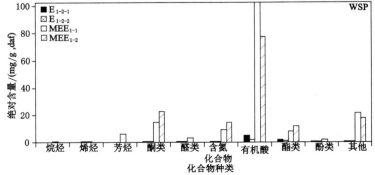

图 3-13　WSPF$_{1-2}$ 各级萃取物中各类化合物的含量图

量在 EE 和 EA 萃取物中有明显的富集,有机酸的总含量达到 100 mg/g。

3.2 稻壳和麦秆的第二级氧化

对稻壳和麦秆第一级氧化过程所得残渣 FC_1 进行洗涤、干燥后,分别按图 2-2和图 2-3 所示实验步骤进行第二级氧化及氧化产物的处理。对 RHP 和 WSP 的第二级氧化所得氧化产物滤液及萃余物经酸化后所得滤液,分别为 RHP_{2-1}、RHP_{2-2}、WSP_{2-1} 和 WSP_{2-2},如图 3-14 所示。

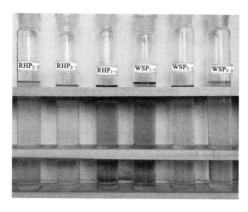

图 3-14　RHP 和 WSP 第二级氧化产物滤液

3.2.1 第二级氧化产物中各级萃取物的 FTIR 分析

对稻壳第二级氧化产物滤液 $RHPF_{2-1}$ 的各级萃取物进行 FTIR 分析,如图 3-15 所示。不同于第一级氧化,在 RHP 的第二级氧化产物滤液 $RHPF_{2-1}$ 的各级萃取物中,在 3 400 cm^{-1} 附近没有明显的 O—H 键伸缩振动吸收峰,而位于 2 929 cm^{-1} 附近饱和 C—H 键的伸缩振动峰也逐渐减弱。在 EA 萃取物 E_{2-1-4} 中,位于 838 cm^{-1} 附近的 C—C—C 的面内弯曲振动吸收峰明显加强,表明萃取物中含有芳环结构化合物,即来自木质素的降解产物。在 1 736 cm^{-1} 附近,各萃取物均有明显的 C=O 键伸缩振动峰的特征。

RHP 的第二级氧化产物萃余液经酸化后过滤,所得滤液 $RHPF_{2-2}$ 经分级萃取所得各级萃取物的 FTIR 分析,如图 3-16 所示。萃取物中都具有饱和 C—H 键的伸缩振动峰,但有逐渐减弱的趋势;萃取物中均有较强的 C=O 键伸缩振动吸收峰,随着萃取剂的极性增加而逐渐增强。CS_2 萃取物 E_{2-2-2} 在 1 402 cm^{-1} 附近有较强的 C—H 键弯曲和剪切振动吸收峰。各级萃取物无明显的 O—H 振动吸收峰。

WSP 的第二级氧化产物经过滤后所得滤液 $WSPF_{2-1}$,其各级萃取物的 FT-

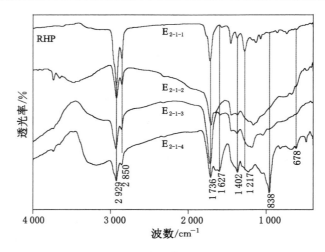

图 3-15　RHPF$_{2-1}$各级萃取物的 FTIR 分析

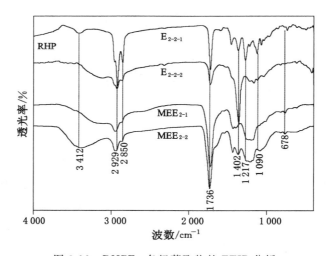

图 3-16　RHPF$_{2-2}$各级萃取物的 FTIR 分析

IR 分析如图 3-17 所示。O—H 键在 3 412 cm^{-1} 处的强吸收峰以及在 1 736 cm^{-1} 附近的强吸收峰,均表明萃取物中均含有酚类、醇类化合物和羧酸。随着所使用萃取试剂极性的增加,萃取物中含有 C ═O 键(1 736 cm^{-1} 附近)、芳基 C—O 键和芳环 C ═C 键(1 627 cm^{-1} 附近)的化合物逐渐增加。各级萃取物均在 2 929 cm^{-1} 附近有饱和 C—H 键的强吸收峰。

对麦秆的第二级氧化产物萃余物进行酸化,经过滤后所得滤液 WSPF$_{2-2}$,进一步进行分级萃取,各级萃取物的 FTIR 分析如图 3-18 所示。各级萃取物无明显的 O—H 键振动吸收峰。只有 PE 萃取物存在较强的饱和 C—H 键伸缩振动

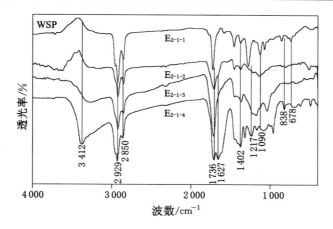

图 3-17 WSPF$_{2-1}$各级萃取物的 FTIR 分析

吸收峰。在 1 736 cm^{-1}处有吸收峰,以 EE 萃取物 MEE$_{2-1}$最强,表明含有丰富的含 C═O 键化合物,如酯类、酮和醛类。在 1 402 cm^{-1}附近为 CH$_2$ 的弯曲或剪切振动,分别表明含有木质素和纤维素的降解产物。

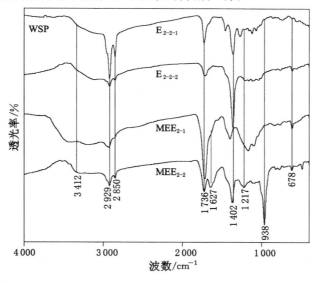

图 3-18 WSPF$_{2-2}$各级萃取物的 FTIR 分析

3.2.2 第二级氧化产物中各萃取物的 GC/MS 分析

对 RHPF$_{2-1}$进行分级萃取,用 GC/MS 分析所得萃取物中的有机化合物,图 3-19 所示为各级萃取物的总离子流色谱图(TICs),所检测到的有机化合物列于表 3-5 中。

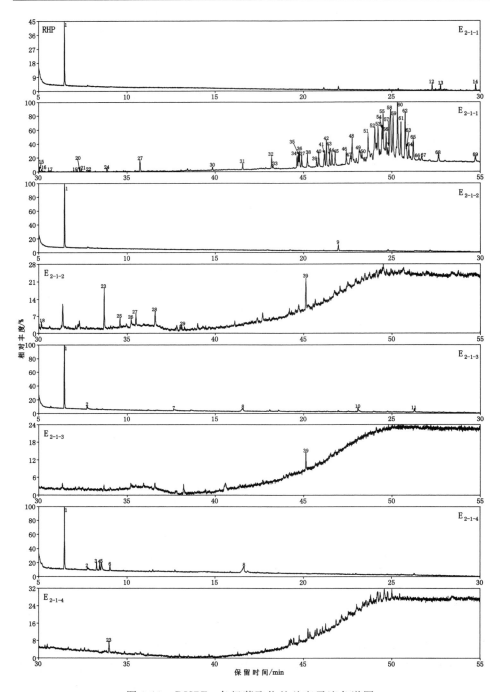

图 3-19　RHPF$_{2-1}$各级萃取物的总离子流色谱图

表 3-5   **RHPF$_{2\text{-}1}$ 各级萃取物中检测到的有机物**

峰号	化合物	E$_{2\text{-}1\text{-}1}$	E$_{2\text{-}1\text{-}2}$	E$_{2\text{-}1\text{-}3}$	E$_{2\text{-}1\text{-}4}$
烷烃					
13	十二碳烷	√			
15	十三碳烷	√			
19	十四碳烷	√			
22	十五碳烷	√			
30	十六碳烷	√			
31	十七碳烷	√			
32	十八碳烷	√			
36	十九碳烷	√			
42	二十碳烷	√			
48	二十一碳烷	√			
63	二十三碳烷	√			
68	二十四碳烷	√			
69	二十五碳烷	√			
70	二十六碳烷	√			
71	二十七碳烷	√			
芳烃					
1	甲苯	√	√	√	√
3	乙苯				√
4	间二甲苯				√
6	邻二甲苯				√
29	荧蒽		√		
酮类化合物					
2	4-羟基-4-甲基-2-戊酮			√	√
5	2,3-二氢-4,5-二氯呋喃酮				√

续表 3-5

峰号	化合物	E_{2-1-1}	E_{2-1-2}	E_{2-1-3}	E_{2-1-4}
含氮化合物					
7	2,2-二氯乙酰胺			√	
10	三氯硝基甲烷			√	
28	4-氯-6-甲基-1,5-萘啶		√		
有机酸					
8	苯甲酸			√	√
26	棕榈酸		√		
酯类化合物					
9	氯甲酸-1-氯乙酯		√		
12	丁二酸二异丁酯	√			
14	己二酸二异丁酯	√			
23	邻苯二甲酸乙基丁基酯酯		√		√
24	邻苯二甲酸二丁酯	√			
25	十六烷酸甲酯				
27	邻苯二甲酸二异丁酯	√	√		
33	己二酸二辛酯	√			
34	十五烷二酸二甲酯	√			
35	16-甲基十七烷酸叔丁酯	√			
37	(Z)-6-十四烯二酸二甲酯	√			
38	9,11-十八碳二烯酸甲酯	√			
39	邻苯二甲酸单(2-乙基己基)酯	√	√	√	
40	十七烷酸甲酯	√			
41	十八烷酸甲酯	√			
43	十六烷二酸二甲酯	√			
44	十八烷酸苯基酯	√			

峰号	化合物	E_{2-1-1}	E_{2-1-2}	E_{2-1-3}	E_{2-1-4}
45	2,5-二甲基-7-十六烯酸甲酯	√			
46	十六烷二酸二苯酯	√			
47	十八烷二酸二甲酯	√			
49	十八烷酸基苯基酯	√			
50	邻苯二甲酸-(2-乙基己基)异己基酯	√			
51	邻苯二甲酸二庚基酯	√			
52	邻苯二甲酸己基庚基酯	√			
53	邻苯二甲酸单(2-乙基己基)酯	√			
54	邻苯二甲酸庚基环己基酯	√			
55	邻苯二甲酸己基辛基酯	√			
56	十八烷酸基苯基酯	√			
57	邻苯二甲酸辛基异癸基酯	√			
58	邻苯二甲酸-2-(2-甲氧基乙基)庚基壬基酯	√			
59	邻苯二甲酸-3,5-二甲基苯基酯	√			
60	邻苯二甲酸-二(7-甲基辛基)酯	√			
61	邻苯二甲酸二壬酯	√			
62	邻苯二甲酸壬基-(2-甲基壬基)酯	√			
64	邻苯二甲酸-5-甲氧基-3-甲基戊基壬基酯	√			
65	邻苯二甲酸壬基环己基酯	√			
66	邻苯二甲酸-二(3,5-二甲基壬基)酯	√			
67	邻苯二甲酸二癸酯	√			

其他化合物

峰号	化合物	E_{2-1-1}	E_{2-1-2}	E_{2-1-3}	E_{2-1-4}
11	环八硫			√	
16	2-己基-1-辛醇	√			
17	1-十三烯	√			
18	六硫环辛烷		√		
20	1-十六碳烯	√			
21	2-己基-1-癸醇	√			

在 RHPF$_{2-1}$ 的各级萃取物中共检测到 71 种有机化合物(表 3-5),其中包括 15 种烷烃、5 种芳烃、2 种酮类、3 种含氮化合物、2 种羧酸、38 种酯类及 6 种其他化合物。按各级萃取物 E$_{2-1-1}$ ~ E$_{2-1-4}$ 中所检测到的化合物种类分别为 55 种、9 种、7 种和 8 种。另外,采用 NaOCl 水溶液为氧化剂,反应体系中存在氯取代反应,而在各级萃取物种共检测到 6 种含氯的有机化合物。

只在 PE 萃取物 E$_{2-1-1}$ 中检测到烷烃,且均为正构烷烃,C$_{12}$ ~ C$_{27}$。萃取物中所含芳烃以甲苯(1)含量最高,其次为二甲苯(4 和 6)、乙苯(3)和荧蒽(29)。4-羟基-4-甲基-2-戊酮(2)和 2,3-二氢-4,5-二氯呋喃酮(5)可能分别来自纤维素和半纤维素的降解产物。

所检测到的有机酸仅有苯甲酸(8)和棕榈酸(26),可能分别为木质素和蜡质的降解和氧化产物。在 PE 萃取物 E$_{2-1-1}$ 中检测到大量酯类化合物,主要有邻苯二甲酸酯和脂肪酸苯基酯,分别为 20 种和 18 种。这些酯类化合物多是由苯环与长链脂肪酸或邻苯二甲酸与长链烷烃组成的,可能是稻壳生物质中木质素与蜡质层的连接结构[229]。其他化合物主要包括 2 种醇、2 种烯烃和 2 种含硫化合物。

由表 3-5 所列出的各类化合物,据其含量可计算出稻壳第二级氧化降解产物滤液 RHPF$_{2-1}$ 中各类物质在各萃取物中的绝对含量(相对于氧化产物无灰干基质量),如图 3-20 所示。PE 对酯类化合物和烷烃均有很好的萃取效果,萃取物中两者的含量分别达到约 10 mg/g 和 2 mg/g。

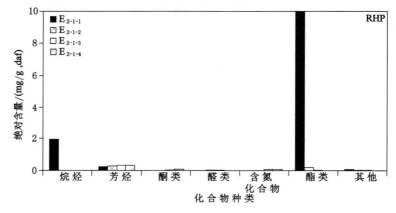

图 3-20　RHPF$_{2-1}$各级萃取物中各类化合物的含量图

对稻壳第二级氧化产物萃余液进行酸化,经过滤后得到滤液 RHPF$_{2-2}$,继续进行溶剂分级萃取,采用 GC/MS 对成分进行分析,所得总离子流色谱图(TICs)如图 3-21 所示,所检测到的有机化合物列于表 3-6 中。

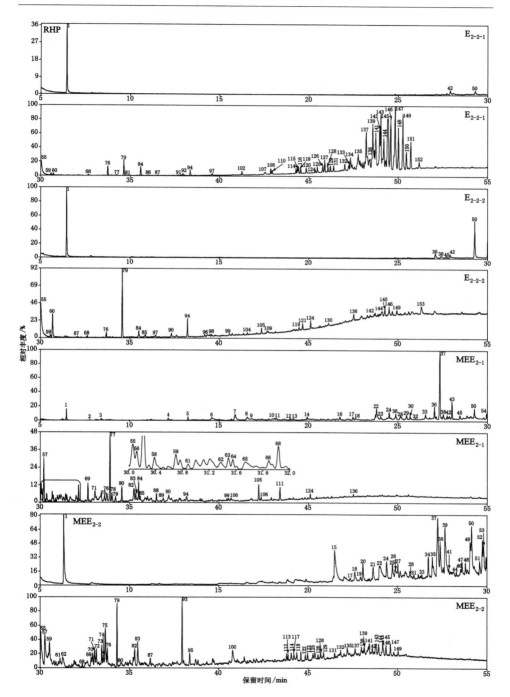

图 3-21 RHPF$_{2-2}$各级萃取物的总离子流色谱图

表 3-6　　　　　　　**RHPF₂₋₂各级萃取物中检测到的有机物**

峰号	化合物	E₂₋₂₋₁	E₂₋₂₋₂	MME₂₋₁	MME₂₋₂
烷烃					
40	十四碳烷		√		
67	十五碳烷		√		
86	十七碳烷	√			
91	十八碳烷	√			
97	8-甲基十七碳烷	√			
102	二十碳烷	√			
108	二十四碳烷	√			
116	二十七烷	√			
127	三十碳烷	√			
134	三十二碳烷	√			
烯烃					
8	(E)-1,3-壬二烯			√	
98	1-甲基-10,18-去甲阿松香-8,11,13-三烯		√		
芳烃/氯代芳烃					
1	甲苯	√	√	√	√
12	(三氯甲基)苯			√	
99	7-异丙基-1-甲基菲		√		
酮类化合物					
2	4-甲基二氢-2(3H)-呋喃酮			√	
4	二氢-2,5-呋喃二酮			√	
15	5-丙基二氢呋喃-2(3H)-酮				√
45	2,5-己二酮			√	
49	1-(3,4-二氯-5-羟基苯基)戊烷-1-酮				√
58	5-丁基二氢呋喃-2(3H)-酮			√	
62	二氢-5-丙基-2(3H)-呋喃酮			√	√
65	5-戊基二氢-2(3H)-呋喃酮			√	
71	5-己基二氢-2(3H)-呋喃酮				√
72	(E)-1-(4-甲氧苯基)庚-1-烯-3-酮				√
74	5-庚基二氢呋喃-2(3H)-酮				√
75	5-辛基二氢呋喃-2(3H)-酮			√	√
82	2-氨基-3-氯-9,10-蒽二酮			√	√

峰号	化合物	E$_{2-2-1}$	E$_{2-2-2}$	MME$_{2-1}$	MME$_{2-2}$
88	蒽-1,4-二酮			√	
89	4,5-二氯吖啶-9(10H)-酮			√	
111	2,3-脱氢-3-羟基-2-(4-二甲氨基苯基)-色烷-4-酮			√	
醛类化合物					
21	2-羟基-5-硝基苯甲醛				√
44	2-羟基-5-甲氧基苯甲醛				√
含氮化合物					
5	(3-氯苯基)肼			√	
11	4-氯-1-甲基-1H-吡唑-5-甲酰肼			√	
13	1-甲基-3-硝基-1H-吡唑			√	
16	7-氯-2,4-二甲基喹啉			√	
47	2,6-二氯苯甲腈				√
48	3-氯苯酰胺				√
50	N,4-二甲基苯磺酰胺	√	√	√	√
55	N,N,4-三甲基苯磺酰胺	√	√	√	√
59	N-甲基-N-苯乙基-p-甲苯磺酰胺	√	√	√	
78	4-氯-3-(4-甲氧苯基)喹啉			√	
96	棕榈酰胺		√		
100	3,5-二氯-2,6-二甲氧基苯并酰肼			√	
103	N-苯甲基-N-甲基十四烷-1-胺				√
107	(Z)-9-十八碳烯酰胺	√			
109	硬脂酰胺		√		
有机酸					
6	4-甲氧基-4-羰基丁酸			√	
7	5-甲基吡唑-3-甲酸			√	
10	丁二酸			√	
17	4-甲氧基苯甲酸			√	√
18	3-羟基-2-甲基戊二酸			√	
19	2-羰基戊二酸				√
20	丙烷-1,2,3-三羧酸				√
23	辛二酸			√	
24	邻苯二甲酸			√	√

续表 3-6

峰号	化合物	E$_{2-2-1}$	E$_{2-2-2}$	MME$_{2-1}$	MME$_{2-2}$
22	3-氯-4-羟基苯甲酸			√	√
25	4-(5-羰基四氢呋喃-2-基)丁酸				√
26	2-氯-3-(二氯甲基)富马酸			√	√
27	2-羰基戊二酸				√
28	软木酸			√	√
29	4-甲基苯磺酸			√	
30	对苯二甲酸			√	
31	丁烷-1,2,4-三羧酸				√
32	间苯二甲酸			√	
33	壬二酸			√	√
34	4-乙酰氧基庚二酸				√
37	5-氯-2-甲氧基苯甲酸			√	√
38	9-甲氧基-9-羰基壬烷酸	√		√	√
39	4-(1-甲氧基-1-羰基丙烷-2-氧基)丁酸				√
41	3,5-二氯-4-甲氧基苯甲酸				√
43	扁桃酸			√	
46	己酸				√
52	2-氯辛酸				√
53	4-羰基庚二酸				√
54	3,5-二甲基庚酸			√	
56	9-羰基壬酸			√	
57	5-甲氧基-2-硝基苯甲酸			√	√
60	十四烷酸	√	√		
61	2-氯-3,6-二甲氧基苯甲酸			√	√
63	3-羟基-2,5-二氯苯甲酸			√	
64	2,5-二氯-3,6-二甲氧基苯甲酸			√	
66	4-羟基-2-甲氧基-3,5,6-三甲基苯甲酸			√	
68	十五烷酸	√	√	√	√
69	十六烷酸			√	√
70	2-羰基壬二酸			√	
77	14-甲基十五烷酸	√		√	
79	11-十六碳烯酸	√	√		√
80	苯-1,3,5-三羧酸			√	√
81	棕榈酸	√			
83	3-氯四甲氧基苯乙酸			√	√
85	5-羰基四氢呋喃-2-羧酸			√	√
87	十七烷酸	√	√		√

峰号	化合物	E$_{2-2-1}$	E$_{2-2-2}$	MME$_{2-1}$	MME$_{2-2}$
92	十八碳-9-烯酸	√			
93	硬脂酸				√
94	16-甲基十七烷酸	√	√	√	
101	2-羰基环戊羧酸				√
104	二十烷酸		√		
105	7-异丙基-1,4a-二甲基-1,2,3,4,4a,9,10,10a-八氢菲-1-羧酸		√	√	√
113	4-氯苯基十四烷酸				√
114	4-甲氧基苯乙酸	√			√
117	9,10-二氯二十烷酸				√
119	二十一烷酸		√		
121	二十二烷酸		√		
122	3,5-二叔丁基水杨酸				√
124	2-((2-乙基己氧基)羰基)苯甲酸	√	√	√	
130	二十三烷酸		√		
136	二十四烷酸		√	√	
酯类化合物					
35	4-(4-氯苯基)-2,4-二羰基丁酸乙酯				√
36	4-甲基苯磺酸乙酯		√	√	
42	邻苯二甲酸二乙酯	√	√		
73	邻苯二甲酸癸基异丁酯				√
76	邻苯二甲酸-6-乙基-3-辛基异丁酯	√	√	√	√
84	邻苯二甲酸二丁酯	√	√	√	
95	4-氯苯酸异丙基酯				√
110	己二酸二戊酯	√			
115	己二酸二辛脂	√			
118	辛基苯基碳酸酯	√			√
120	辛基苄基碳酸酯	√			
123	壬基苯基碳酸酯				√
125	癸基苯基碳酸酯	√			√
126	邻苯二甲酸单(2-乙基己基)酯	√			√
128	十二烷基苯基碳酸酯	√			√
129	十五烷基苯基碳酸酯	√			√
131	十五烷基苄基碳酸酯	√			√
132	己二酸二辛酯	√			√
133	十六烷基苯基碳酸酯	√			√
135	6-十四烯基苄基碳酸酯	√			√

续表 3-6

峰号	化合物	E_{2-2-1}	E_{2-2-2}	MME_{2-1}	MME_{2-2}
137	十七烷基苯基碳酸酯	√			√
138	邻苯二甲酸二辛酯	√			√
139	邻苯二甲酸-4-甲代戊基新戊基酯	√			√
140	邻苯二甲酸二壬酯	√			
141	邻苯二甲酸辛基环己基酯	√			√
142	邻苯二甲酸异癸基辛基酯	√	√		√
143	邻苯二甲酸-2-(2-甲氧基乙基)庚基壬基酯	√			√
144	邻苯二甲酸-3-(2-甲氧基乙基)辛基壬基酯	√	√		√
145	邻苯二甲酸-3,5-二甲基苯基酯	√	√		
146	邻苯二甲酸-二(7-甲基辛基)酯	√	√		
147	邻苯二甲酸壬基-(2-甲基壬基)酯	√			
148	邻苯二甲酸-3-(2-甲氧基乙基)辛基壬基酯	√			
149	邻苯二甲酸-5-甲氧基-3-甲基戊基壬基酯	√	√		√
150	邻苯二甲酸壬基环己基酯	√			
151	邻苯二甲酸-二(3,5-二甲基壬基)酯	√			
152	邻苯二甲酸二癸酯	√			
153	偏苯三酸三(2-乙基己基)酯		√		
酚类化合物					
9	2,4-二氯苯酚			√	
51	5-氯吡啶-2-酚				√
90	2,5-二氯-6-甲氧基苯酚			√	√
其他化合物					
3	四甲基硅烷			√	
14	1-氯-3-乙氧基丙烷-2-醇			√	
106	9-芴酮-4-甲酰氯			√	
112	辛氧基苯				√

在 RHPF_{2-2} 的各级萃取物中共检测到 153 种有机化合物（表 3-6），其中有 10 种烷烃、2 种烯烃、3 种芳烃、16 种酮类、2 种醛类、15 种含氮化合物、61 种有机酸、37 种酯类、3 种酚类及 4 种其他化合物。按各级萃取物（E_{2-2-1}、E_{2-2-2}、MEE_{2-1} 和 MEE_{2-2}）中所检测到的化合物种类分别为 53 种、35 种、71 种和 78 种。另外反应体系中存在氯取代反应，而在各级萃取物种共检测到 30 种含氯的有机化合物。在所检测到的烷烃中，有 9 种正构烷烃（C_{14}～C_{32}）及 1 种甲基取代烷烃（97）。大多数烷烃存在于 PE 萃取物中，这些烷烃可能源自稻壳蜡质的降解。芳烃/氯代芳烃中甲苯含量最高，且在 4 个萃取物中均被检测到。检测到 1 种稠环芳烃，即 7-异丙基-1-甲基菲（99）。在 EE 和 EA 萃取物中，检测到的酮类化合物有 12 种呋喃酮，其中

有 8 种烷基呋喃酮同系物（2、15、58、62、65、71、74 和 75）、2 种蒽二酮（82 和 88）及 2 种含苯酮类化合物（72 和 111）。在萃取物中检测到丰富的含氮化合物，这些含氮化合物可以分为胺类（主要为酰胺）、肼、吡唑和喹啉。CS_2 对含氮化合物有很好的富集作用，尤其是对于酰胺和吡咯烷酮而言，其原因可能是 CS_2 中的 C＝S 键与含氮化合物中的 C＝O 键之间强烈的 π—π 相互作用[176]。在萃取物中检测到的羧酸可分为一元酸、二元酸和三元酸，分别为 46 种、11 种和 4 种。也可分为取代脂肪酸和苯甲酸，分别为 39 种和 19 种。苯甲酸类多为羟基和甲氧基取代，具有明显的木质素组成单元结构特征。长链脂肪酸可能来源于稻壳的脂质，可作为生产柴油的原料。酯类化合物主要有邻苯二甲酸酯和烃基苯基碳酸酯，分别为 20 种和 10 种。这些酯类化合物多是由苯环与长链脂肪酸或邻苯二甲酸与长链烷烃组成的，因此可以推断这些酯类可能是稻壳生物质中木质素与蜡质层的连接结构。PE 和 EA 对酯类化合物的萃取率较高。其他化合物中四甲基硅烷（3）是稻壳中硅的主要赋存状态；1-氯-3-乙氧基丙烷-2-醇（14）可能来自纤维素和半纤维素的降解产物；9-芴酮可能是木质素的组成结构，其 C_4 位的 $C_α$ 反应活性较高，经 NaOCl 氧化后，形成 9-芴酮-4-甲酰氯（106）；辛氧基苯（112）可能是木质素与脂质的连接结构。

由表 3-6 所列出的各类化合物，据其含量可计算出稻壳氧化降解产物中各类物质在各萃取物中的绝对含量（相对于氧化产物无灰干基质量），见图 3-22。最为明显的特征是有超过 90% 的酯类化合物在 CS_2 中富集。另外，含氮化合物总含量也较高，然而 N 元素含量小于氧化产物总质量的 0.2%，符合元素分析结果。

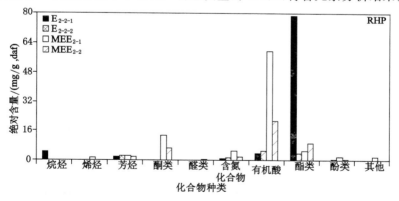

图 3-22　$RHPF_{2-2}$ 各级萃取物中各类化合物的含量图

对第二级氧化产物滤液 $WSPF_{2-1}$ 进行各级萃取，所得各级萃取物（E_{2-1-1}～E_{2-1-4}）采用 GC/MC 分析，各级萃取物的总离子流色谱图（TICs）如图 3-23 所示，所检测到的有机化合物列于表 3-7 中。

在 $WSPF_{2-1}$ 的各级萃取物中共检测到 101 种有机化合物（表 3-7），其中有 15 种烷烃、8 种芳烃、15 种酮类、2 种醛类、10 种含氮化合物、4 种有机酸、32 种酯类、9

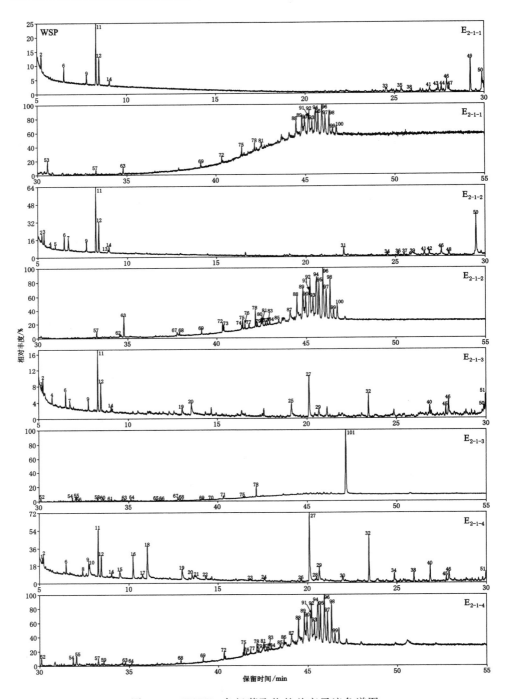

图 3-23　WSPF$_{2-1}$各级萃取物的总离子流色谱图

种酚类及 6 种其他化合物。按各级萃取物 E$_{2-1-1}$～E$_{2-1-4}$ 中所检测到的化合物种类分别为 37 种、55 种、39 种和 64 种。另外,共检测到 8 种含氯的有机化合物。

表 3-7　　　　　　　　WSPF$_{2-1}$ 各级萃取物中检测到的有机物

峰号	化合物	E$_{2-1-1}$	E$_{2-1-2}$	E$_{2-1-3}$	E$_{2-1-4}$
烷烃					
45	十五碳烷			√	√
51	十七碳烷			√	√
52	1,5,9-三甲基十四碳烷			√	√
54	十八碳烷			√	√
55	2,6,10,14-四甲基十六碳烷			√	√
59	十九碳烷				√
60	二十碳烷			√	
64	二十一碳烷			√	√
65	1,5,9,13-四甲基十八碳烷			√	
68	二十二碳烷		√	√	√
69	二十三碳烷	√	√	√	√
72	二十四碳烷	√	√		√
75	二十五碳烷	√	√	√	√
81	二十六碳烷	√	√		√
86	二十七碳烷				√
芳烃					
2	苯	√	√	√	√
6	甲苯	√	√	√	√
11	乙苯	√	√	√	√
12	对二甲苯	√	√		√
14	间二甲苯	√	√		√
28	2-甲基萘				√
56	菲			√	
66	芘			√	
酮类化合物					
1	羟基-2-丙酮			√	√
3	1-氯丙烷-2-酮		√		
5	1,1-二氯丙烷-2-酮		√		
7	巯基丙酮			√	√
9	4-羟基-4-甲基戊烷-2-酮	√	√	√	√
15	呋喃-2(5H)-酮				√
16	(E)-3-烯-2,5-己二酮				√
31	2,4-戊二酮		√		

峰号	化合物	E_{2-1-1}	E_{2-1-2}	E_{2-1-3}	E_{2-1-4}
38	3′,5′-二甲氧基苯乙酮	√			√
41	2,5-己二酮	√	√		
42	6-丙基四氢-2H-吡喃-2-酮		√		
43	5-戊基二氢呋喃-2(3H)-酮	√			
44	5-辛基二氢呋喃-2(3H)-酮	√			
47	5-庚基二氢呋喃-2(3H)-酮	√			
48	(E)-4-甲氧基戊-3-烯-2-酮		√		
酚类化合物					
4	2,2,2-三氯乙醛		√	√	
24	癸醛				√
含氮化合物					
19	1-甲基吡咯烷-2-酮			√	√
20	戊二腈			√	√
21	2-吡咯烷酮				√
22	1-甲基吡咯烷-2,5-二酮				√
37	2-(3,5-二甲氧苯基)乙胺		√		
49	N,N,4-三甲基苯磺酰胺	√			
50	N,4-二甲基苯磺酰胺	√	√	√	
53	N,4-二甲基-N-苯乙基苯磺酰胺	√			
67	十二烷酰胺		√	√	
71	十四烷酰胺			√	
有机酸					
8	3-甲基戊酸				√
17	己酸				√
25	壬烷酸			√	
78	2-((2-乙基己氧基)羰基)苯甲酸	√	√	√	√
酯类化合物					
10	2-羟基乙基乙酸酯				√
33	邻苯二甲酸二甲酯	√			
36	2-甲基-4-硝基苯基乙酸酯		√		
46	邻苯二甲酸二乙酯	√	√	√	√
57	邻苯二甲酸丁基异丁基酯	√	√	√	
58	邻苯二甲酸丁基己基酯			√	
61	14-甲基十五烷酸甲酯			√	
63	邻苯二甲酸异丁酯	√	√	√	√
70	(E)-2-乙基己基-3-(4-甲氧苯基)丙烯酸酯		√		
73	己二酸-二(2-乙基己基)酯		√		

峰号	化合物	E$_{2-1-1}$	E$_{2-1-2}$	E$_{2-1-3}$	E$_{2-1-4}$
74	己二酸二戊酯		√		
76	辛酸苯基酯		√		√
77	壬酸苯基酯		√		√
80	癸酸苯基酯		√		
82	十二烷酸苯基酯		√		√
83	十五烷酸苯基酯		√		√
85	十七烷酸苯基酯		√		
87	邻苯二甲酸-(2-甲基)丁基戊基酯		√		
88	邻苯二甲酸单(2-乙基己基)酯	√	√		√
89	邻苯二甲酸二庚基酯	√	√		√
90	邻苯二甲酸庚基己基酯	√	√		
91	邻苯二甲酸辛基异戊基酯	√	√		
92	十八烷酸基苯基酯	√	√		√
93	邻苯二甲酸辛基环己基酯	√	√		√
94	邻苯二甲酸-2-(2-甲氧基乙基)庚基壬基酯	√	√		√
95	邻苯二甲酸-3,5-二甲基苯基酯	√	√		
96	邻苯二甲酸二壬酯	√	√		
97	邻苯二甲酸壬基-(2-甲基壬基)酯	√	√		
98	邻苯二甲酸-5-甲氧基-3-甲基戊基壬基酯	√	√		
99	邻苯二甲酸壬基环己基酯	√	√		
100	邻苯二甲酸-二(3,5 二甲基壬基)酯	√	√		
101	邻苯二甲酸二癸酯			√	√
酚类化合物					
18	苯酚				√
23	2,4-二氯苯酚				√
26	2-甲氧基苯酚				√
27	4-叔丁基苯酚			√	
29	2,6-二甲氧基苯酚			√	√
30	3,4-二氯-2,6-二甲氧基苯酚				√
34	2,6-二叔丁基-4-甲基苯酚		√		√
35	2,4-二氯-6-甲氧基苯酚	√			
40	4-(1,1,3,3-四甲基丁基)苯酚		√	√	
其他化合物					
13	苯乙烯		√		
32	丁氧基苯			√	√
39	环八硫		√		
62	二苯基砜		√		
79	辛氧基苯		√		√
84	癸氧基苯		√		√

在所检测到的烷烃中,有 12 种正构烷烃($C_{15} \sim C_{27}$)和 3 种甲基取代烷烃。这些烷烃可能源自稻壳蜡质的降解。芳烃中有 5 种苯系物,还有 3 种稠环化合物,即 2-甲基萘(28)、菲(56)和芘(66)。芳烃可能来自于木质素的降解,而稠环芳烃的来源尚不清晰。酮类中有 4 种丙酮、4 种呋喃酮、3 种二酮、2 种戊酮和 1 种吡喃酮和 1 种含苯酮类化合物。

在萃取物中主要检测到的含氮化合物包括 5 种酰胺和 3 种吡咯烷酮。这些含氮化合物可能来自稻壳中的营养成分,如氨基酸、蛋白质和脂质。在萃取物中检测到的羧酸有 3 种脂肪酸和 1 种苯甲酸。酯类化合物主要有邻苯二甲酸酯和脂肪酸酯,分别为 19 种和 13 种。长链脂肪酸以苯基酯为主。值得注意的是,这些酯类化合物多是由苯环与长链脂肪酸或邻苯二甲酸与长链烷烃组成的,因此可以推断这些酯类可能是稻壳生物质中木质素与蜡质层的连接结构[229]。

酚类化合物多为甲氧基取代酚,具有明显的木质素结构特征,因此可以推断绝大多数酚类化合物是由木质素降解产生的,并且易与 NaOCl 发生氧化或取代反应。各萃取溶剂对该类化合物萃取效果相当。其他化合物主要包括烷氧基苯、含硫化合物和烯烃。

由表 3-7 所列出的各类化合物,据其含量可计算出麦秆第二级氧化降解产物滤液 $WSPF_{2-1}$ 中各类物质在各萃取物中的绝对含量(相对于氧化产物无灰干基质量),如图 3-24 所示。酯类化合物在各级萃取物中的含量最高,约为 3 mg/g,且富集于 EA 萃取物中。此外,在 EA 萃取物中,烷烃和酚类的含量也较高。

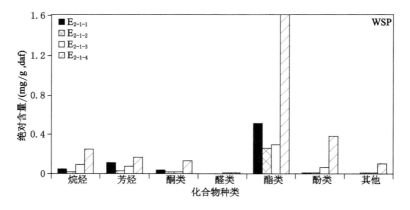

图 3-24　$WSPF_{2-1}$ 各级萃取物中各类化合物的含量图

对麦秆第二级氧化产物 $WSPF_{2-1}$ 的萃余液进行酸化,经过滤后所得的滤液 $WSPF_{2-2}$ 继续进行溶剂分级萃取,采用 GC/MS 对成分进行分析,所得总离子流色谱图(TICs)如图 3-25 所示,所检测到的有机化合物列于表 3-8 中。

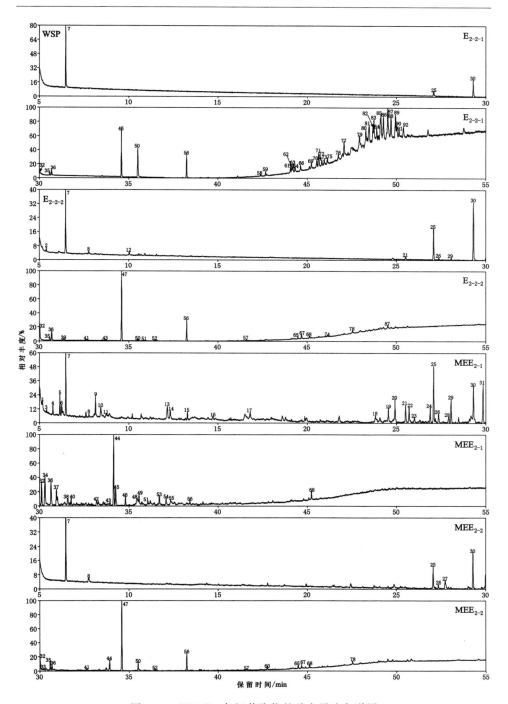

图 3-25 WSPF$_{2-2}$各级萃取物的总离子流色谱图

表 3-8   **WSPF$_{2-2}$各级萃取物中检测到的有机物**

峰号	化合物	E$_{2-2-1}$	E$_{2-2-2}$	MEE$_{2-1}$	MEE$_{2-2}$
烷烃					
59	十五碳烷	√			
63	十六碳烷	√			
71	十七碳烷	√			
77	十八碳烷	√			
81	十九碳烷	√			
90	二十碳烷	√			
芳烃					
2	苯		√		
7	甲苯	√	√	√	√
酮类化合物					
5	(E)-3-(甲氧基亚氨基)丁烷-2-酮		√		
6	3-甲氧基丁酮		√		
9	5,5-二甲基噁唑烷-2,4-二酮		√		
13	二氢呋喃-2,5-二酮		√		
14	3-甲基二氢呋喃-2,5-二酮		√		
16	6-甲基四氢-2H-吡喃-2-酮		√		
49	(13S,14S)-3-甲氧基-13-甲基-12,13,15,16-四氢-11H-环戊二烯并[a]菲-17(14H)-酮		√		
醛类化合物					
1	2-甲基丁醛			√	
含氮化合物					
30	N,4-二甲基苯磺酰胺	√	√	√	√
32	N,N,4-三甲基苯磺酰胺	√	√	√	√
34	3,4′-氧代二苯胺		√		
36	N,4-二甲基-N-苯乙基苯磺酰胺	√	√		√
37	3,4,5-三甲氧基苯酰胺		√		
38	(E)-2-(2-硝基乙烯基)呋喃		√		
42	4-羟基-3,5-二甲氧基苯并酰肼		√		
54	4,5-二氯吖啶-9(10H)-酮		√		
53	2-丁基-1-甲基-5-(壬-8-烯基)吡咯烷		√		

峰号	化合物	E$_{2-2-1}$	E$_{2-2-2}$	MEE$_{2-1}$	MEE$_{2-2}$
有机酸					
8	丙酸		√	√	√
11	2-氯乙酸			√	
17	2,2-二氯丙酸			√	
18	3-氯-4-羟基苯甲酸			√	
19	邻苯二甲酸			√	
20	2-氯-3-(二氯甲基)富马酸			√	
21	4-甲基苯磺酸	√		√	
22	对苯二甲酸			√	
23	2-氯对苯二甲酸			√	
24	12-甲氧基十二烷酸			√	
26	5-氯-2-甲氧基苯甲酸		√		√
27	4-(5-巯基四氢呋喃-2-基)丁酸				√
28	4-氯邻苯二甲酸			√	
29	3,5-二氯-4-甲氧基苯甲酸		√	√	
33	2-巯基四氢呋喃基-5-己酸				√
35	十四烷酸	√	√		√
40	2,5-二氯-3,6-二甲氧基苯三酸			√	
41	十五烷酸			√	√
46	棕榈酸	√		√	
47	14-甲基十五烷酸			√	√
48	十七烷酸			√	
52	15-甲基十六烷酸			√	√
56	十八烷酸	√		√	√
57	二十烷酸			√	
65	9,10-二氯二十二烷酸			√	√
74	二十三烷酸			√	
78	二十四烷酸			√	√
酯类化合物					
25	4-甲基苯磺酸乙酯	√	√	√	√
43	丁基十四烷基邻苯二甲酸酯		√	√	

峰号	化合物	E_{2-2-1}	E_{2-2-2}	MEE_{2-1}	MEE_{2-2}
44	((13R,14S)-5-乙酰氧基-13-乙基-3-甲氧基-3-(4-甲氧基苯甲酰)-2-甲基-17-羰基-4,5,6,11,12,13,14,15,16,17-十氢-3H-环戊二烯并[a]菲-1-基)甲基-2-(苯并呋喃-4-基)乙酸酯			√	√
50	邻苯二甲酸二丁酯	√	√		√
51	棕榈酸乙酯		√	√	
58	(1R,4aS,10aR)-甲基-7-异丙基-1,4a-二甲基-1,2,3,4,4a,9,10,10a-八氢菲-1-羧酸酯	√			
60	己二酸-二(2-乙基己基)酯				√
61	壬酸苯基酯	√			
62	癸酸苯基酯	√			
64	十二烷酸苯基酯	√			
66	十三烷酸苯基酯	√			
67	十四烷酸苯基酯		√	√	√
68	邻苯二甲酸-二(6-甲基庚基)酯		√	√	√
69	6-十四烯酸苄基酯	√			
70	十五烷酸苯基酯	√			
72	十六烷酸苯基酯	√			
73	十七烷酸苯基酯	√			
75	十八烷酸苯基酯	√			
76	二十烷酸苯基酯	√			
79	邻苯二甲酸-二(7-甲基辛基)酯	√			
80	丁基辛基邻苯二甲酸酯	√			
82	邻苯二甲酸-3-(2-甲氧基乙基)庚基壬基酯	√			
83	邻苯二甲酸壬基-2-戊基酯	√			
84	邻苯二甲酸二壬酯	√			
85	邻苯二甲酸壬基-(2-甲基壬基)酯	√			
86	邻苯二甲酸-3-(2-甲氧基乙基)辛基壬基酯	√			
87	邻苯二甲酸-5-甲氧基-3-甲基戊基壬基酯	√	√		
88	邻苯二甲酸壬基环己基酯	√			
89	邻苯二甲酸-二(3,5-二甲基壬基)酯	√			
91	邻苯二甲酸二癸酯	√			

峰号	化合物	E_{2-2-1}	E_{2-2-2}	MEE_{2-1}	MEE_{2-2}
92	偏苯三酸三(2-乙基己基)酯	√			
酚类化合物					
55	2,4-二氯苯酚			√	
其他化合物					
3	2,2-二甲基-1,3-二噁戊环			√	
4	2,2,4-三甲基-1,3-二噁戊环			√	
10	(1,3-二噁戊环-2-基)甲醇			√	
12	(2,2-二甲基-1,3-二噁戊环-4-基)甲醇		√		
15	2,2,2-三氯乙醇			√	
31	4-甲基-5-甲氧基-1-(1-羟基-1-异丙基)环己-3-烯			√	
39	六噻庚环		√		
45	紫檀素			√	

在 $WSPF_{2-2}$ 的各级萃取物中共检测到 92 种有机化合物（表 3-8），其中有 6 种烷烃、2 种芳烃、7 种酮类、1 种醛类、9 种含氮化合物、27 种有机酸、31 种酯类、1 种酚类及 8 种其他化合物。按各级萃取物 E_{2-2-1}、E_{2-2-2}、MEE_{2-1} 和 MEE_{2-2} 中所检测到的化合物种类分别为 39 种、27 种、47 种和 22 种。另外，在各级萃取物中共检测到 14 种含氯的有机化合物。

在所检测到的 6 种烷烃全部为正构烷烃（$C_{15} \sim C_{20}$），且均存在于 PE 萃取物中。芳烃则只检测到了苯与甲苯。芳烃及其衍生物可能来自稻壳中木质素的降解。仅在 MEE_{2-1} 中检测到了酮类化合物，其中包括 2 种丁酮、2 种呋喃酮、1 种噁唑烷酮、1 种甾酮和 1 种吡喃酮。含氮化合物主要是酰胺类，在 MEE_{2-1} 中含量最为丰富。在萃取物中检测到的羧酸可分为脂肪酸、苯甲酸和苯二甲酸衍生物，分别为 18 种、3 种和 4 种。其中脂肪酸可能源于麦秆中脂质的降解产物，苯甲酸类多为羟基和甲氧基取代，具有明显的木质素组成单元结构特征。酯类化合物主要有邻苯二甲酸酯和脂肪酸酯，分别为 14 种和 13 种。前者多是邻苯二甲酸的长链烷基酯，而后者多为长链烷酸的苯基酯，可以推断这些酯类可能是稻壳生物质中木质素与蜡质层的连接结构。PE 萃取物中富集了多种酯类化合物，说明弱极性溶剂对酯类化合物的溶解性较好。其他化合物主要包括 4 种二噁戊环衍生物、杂氧烷、含硫化合物和紫檀素。其中，紫檀素是重要的染料和药物成分，具有抗癌和抗真菌作用。

由表 3-8 所列出的各类化合物，据其含量可计算出 $WSPF_{2-2}$ 的各级萃取物中各类物质在各萃取物中的绝对含量（相对于氧化产物无灰干基质量），如图 3-26 所示。有机酸和酯类化合物在各级萃取物中都有分布，且含量都较高，分别约为 4.2 mg/g 和 4.0 mg/g。

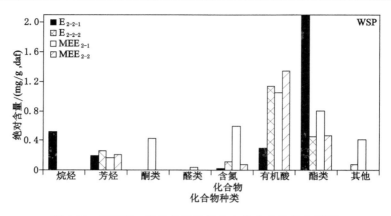

图 3-26　WSPF$_{2-2}$的各级萃取物中各类化合物的含量图

3.3　稻壳和麦秆的第三级氧化

对稻壳和麦秆第二级氧化过程所得残渣 FC$_2$ 进行洗涤、干燥后,分别按图 2-2 和图 2-3 所示实验步骤进行第三级氧化及氧化产物的处理,降解产物滤液(RHPF$_{3-1}$ 和 WSPF$_{3-1}$)如图 3-27 所示。

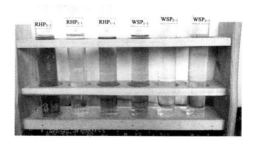

图 3-27　RHP 和 WSP 第三级氧化产物滤液

3.3.1　第三级氧化产物中各级萃取物的 FTIR 分析

稻壳第三级氧化产物的滤液 RHPF$_{3-1}$ 中各级萃取物的 FTIR 分析,如图 3-28 所示。在 O—H 键伸缩振动区域,只有 CS$_2$ 萃取物 E$_{3-1-2}$ 有较强的吸收峰。其他吸收峰位置未有明显变化。

稻壳第三级氧化产物萃余物经酸化后,过滤所得的滤液 RHPF$_{3-2}$ 再经溶剂分级萃取,得到各级萃取物的 FTIR 分析,如图 3-29 所示。与 RHPF$_{2-2}$ 类似,各级萃取物中未有明显的 O—H 键吸收峰。随着溶剂极性的增加,萃取产物中含 C═O 键的化合物增加,致使 1 736 cm^{-1} 附近吸收峰明显增强。其他吸收峰未

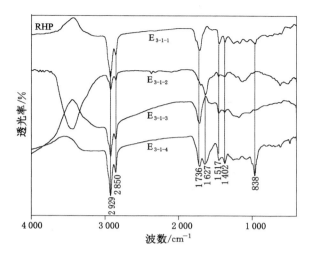

图 3-28　RHPF$_{3-1}$中各级萃取物的 FTIR 分析

有明显差异。RHPF$_{3-2}$的各级萃取物中含 C═O 键化合物较 RHPF$_{3-1}$中多,表明萃余液中可能含有大量水溶性的羧酸,而酸化可将这些有机酸盐离子转变为游离的有机酸,从而能使用有机溶剂萃取。

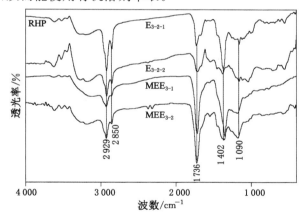

图 3-29　RHPF$_{3-2}$中各级萃取物的 FTIR 分析

图 3-30 所示为麦秆第三级氧化产物滤液 WSPF$_{3-1}$各级萃取物的 FTIR 分析。随着萃取溶剂极性的增加,大多数吸收峰的强度均有所增强,如饱和 C—H 键伸缩振动吸收峰(2 929 cm^{-1}附近和 2 850 cm^{-1}附近)和 C═O 键吸收峰(1 736 cm^{-1}附近)。PE、CS$_2$ 和 EE 萃取物(E$_{3-1-1}$～E$_{3-1-3}$)几乎没有观测到 O—H 键的伸缩振动吸收峰,而 E$_{3-1-4}$较为明显。

图 3-31 所示为麦秆第三级氧化产物滤液 WSPF$_{3-1}$萃余液 WSPF$_{3-2}$经酸化后

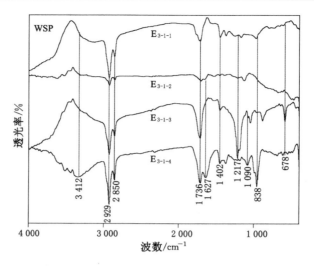

图 3-30　WSPF$_{3-1}$中各级萃取物的 FTIR 分析

的各级萃取物的 FTIR 分析。位于 3 200～3 600 cm^{-1} 范围的缔合 O—H 键伸缩振动吸收峰在 E$_{3-2-2}$ 和 MEE$_{3-1}$ 萃取物中较为强烈；2 929 cm^{-1} 和 2 850 cm^{-1} 处的饱和 C—H 键伸缩振动吸收峰均变得很微弱；在 MEE$_{3-1}$ 和 MEE$_{3-2}$ 中，C═O键吸收峰（1 736 cm^{-1} 附近）较强，表明含有醛、酮、羧酸或酯类。

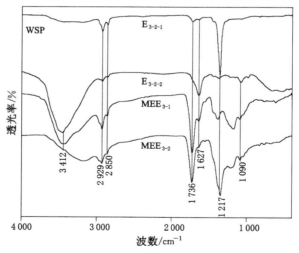

图 3-31　WSPF$_{3-2}$中各级萃取物的 FTIR 分析

3.3.2　第三级氧化产物中各萃取物的 GC/MS 分析

RHPF$_{3-1}$ 各级萃取物的总离子流色谱图（TICs）如图 3-32 所示。在

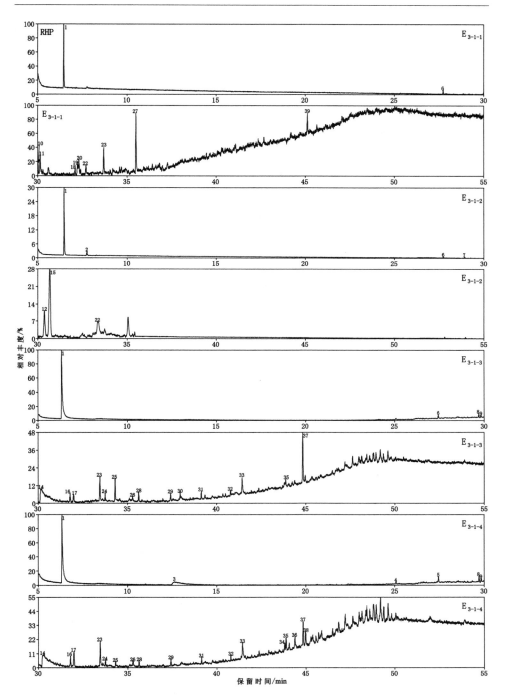

图 3-32 RHPF$_{3-1}$各级萃取物的总离子流色谱图

RHPF$_{3-1}$的各级萃取物中共检测到 39 种有机化合物（表 3-9），其中有 20 种烷烃、2 种烯烃、2 种芳烃、1 种醇、1 种酮、3 种含氮化合物、1 种有机酸和 9 种酯类化合物。在 E$_{3-1-1}$、E$_{3-1-2}$、E$_{3-1-3}$ 和 E$_{3-1-4}$ 中检测到的化合物分别有 13 种、9 种、17 种和 21 种。

表 3-9 **RHPF$_{3-1}$的各级萃取物中检测到的有机物**

峰号	化合物	E$_{3-1-1}$	E$_{3-1-2}$	E$_{3-1-3}$	E$_{3-1-4}$
烷烃					
4	己烷				√
5	庚烷			√	√
6	癸烷	√	√		
7	2,6,11-三甲基十二碳烷		√		
8	十六碳烷			√	√
9	2,6,10-三甲基十六碳烷			√	
10	十七碳烷	√			
12	十九碳烷		√		
15	2,6,10,14-四甲基十五碳烷		√		
16	二十碳烷			√	√
17	2,6,10,14-四甲基十六碳烷			√	√
18	6-甲基十八碳烷	√			
20	2,6,10-三甲基十七碳烷	√			
21	二十一碳烷		√		
24	二十二碳烷			√	
28	二十三碳烷			√	√
29	二十四碳烷			√	√
31	二十六碳烷			√	√
32	二十七碳烷			√	√
35	二十八碳烷			√	√
烯烃					
19	(Z)-十六碳-3-烯	√			
22	(E)-十八碳-5-烯	√			
芳烃/氯取代芳烃					
1	甲苯	√	√	√	√

峰号	化合物	E_{3-1-1}	E_{3-1-2}	E_{3-1-3}	E_{3-1-4}
3	对氯甲苯				√
醇					
11	(S)-2-甲基十二烷-1-醇	√			
酮类化合物					
2	4-羟基-4-甲基戊烷-2-酮		√		
含氮化合物					
13	N,N-二甲基辛烷-1-胺			√	
14	N,N-二甲基十四烷-1-胺				√
33	N-苯甲基-N-甲基十四烷-1-胺			√	√
有机酸					
37	9,10-二氯二十二烷酸	√	√		
酯类化合物					
23	邻苯二甲酸二异丁酯	√		√	√
25	棕榈酸甲酯			√	√
26	邻苯二甲酸丁基异丁基酯	√	√		
27	邻苯二甲酸二丁酯	√			
30	十八烷酸甲酯			√	
34	己基苯基碳酸酯				√
36	庚基苯基碳酸酯				√
38	癸基苯基碳酸酯				√
39	邻苯二甲酸-二(6-甲基庚基)酯	√			

在所检测到的烷烃中,有 14 种正构烷烃($C_6 \sim C_{28}$)和 6 种甲基取代烷烃。2 种烯烃分别是 3-十六碳烯(19)和 5-十八碳烯(22)。2 种芳烃/氯代芳烃分别为甲苯(1)和对氯甲苯(3)。4-羟基-4-甲基戊烷-2-酮(2)可能是纤维素的降解产物。在萃取物中检测到的 3 种含氮化合物均为 N 取代烷基胺。在萃取物中检测到的酯类化合物主要是邻苯二甲酸酯、苯基碳酸酯和脂肪酸酯,可以推断这些酯类可能是稻壳生物质中木质素与蜡质层的连接结构。EE 和 EA 萃取物中富集了多种酯类化合物。邻苯二甲酸酯是重要的化工原料,广泛用于塑料和包装材料中,然而却是对健康有不利影响的化学品。

　　由表 3-9 所列出的各类化合物,据其含量可计算出 RHPF$_{3-1}$ 各级萃取物中各类化合物的绝对含量(相对于氧化产物无灰干基质量),如图 3-33 所示。各类物质中总含量最高的是芳烃,达到 5.3 mg/g,其次为酯类、含氮化合物和烷烃,含量分别约为 3.9 mg/g、2.5 mg/g 和 2.0 mg/g。其中 EE 和 EA 对上述几类化合物均具有良好的萃取效果。

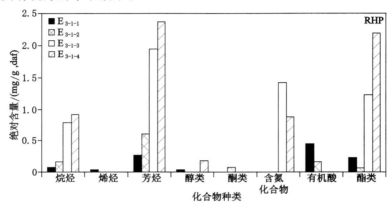

图 3-33　RHPF$_{3-1}$ 的各级萃取物中各类化合物的含量图

　　将稻壳第三级氧化产物萃余物,经酸化后过滤,所得滤液 RHPF$_{3-2}$ 再经溶剂分级萃取,所得各萃取物进行 GC/MS 分析,如图 3-34 所示为各级萃取物的总离子流色谱图,所检测到的有机化合物列于表 3-10 中。

　　在 RHPF$_{3-2}$ 的各级萃取物中共检测到 89 种有机化合物(表 3-10),其中有 15 种烷烃、1 种烯烃、1 种芳烃、7 种酮类、10 种含氮化合物、17 种有机酸、37 种酯类化合物和 1 种其他化合物。各级萃取物 E$_{3-2-1}$、E$_{3-2-2}$、MEE$_{3-1}$ 和 MEE$_{3-2}$ 中所检测到的化合物按种类分别为 49 种、42 种、29 种和 58 种,仅有 2 种含氯化合物,即 4-氯邻苯二甲酸(21)和 9,10-氯十二八烷酸(62)。在所检测到的 15 种烷烃中,有 13 种正构烷烃(C$_{12}$～C$_{28}$)和 2 种多甲基取代异构烷烃。其中 PE 和 CS$_2$ 萃取物中烷烃的含量较高。酮类化合物中有 4 种呋喃酮和 2 种吡喃酮,此外还检测到噁庚环-2,7-二酮(13),含量也较高。检测到的含氮化合物有 4 种苯磺酰胺(22、26、28 和 74)、2 种十四烷基胺(27 和 52)、异氰酸基环己烷(4)、己二腈(10)、喹啉(12)和吡啶并吲哚(15)。在萃取物中检测到的羧酸可分为脂肪酸和苯二甲酸衍生物,分别为 9 种和 4 种。酯类化合物主要有邻苯二甲酸酯和脂肪酸酯,分别为 16 种和 19 种。这些酯类化合物多是由苯环与长链脂肪酸或邻苯二甲酸与长链烷烃组成的,可能是稻壳生物质中木质素与蜡质层的连接结构。

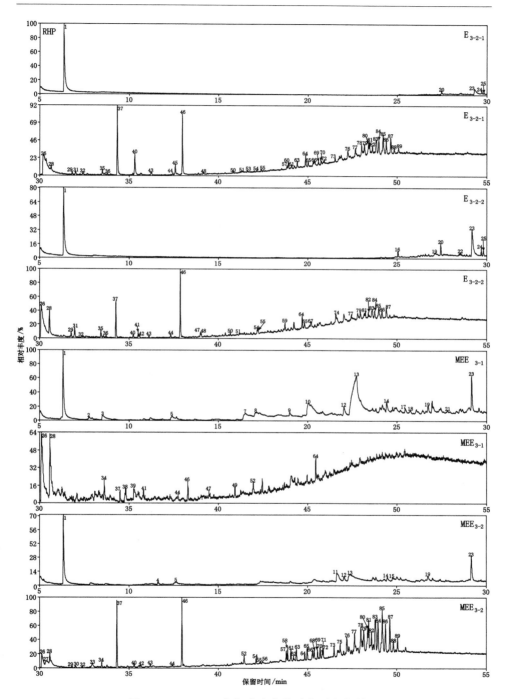

图 3-34　RHPF$_{3-2}$ 各级萃取物的总离子流色谱图

表 3-10   **RHPF$_{3\text{-}2}$ 各级萃取物中检测到的有机物**

峰号	化合物	E$_{3\text{-}2\text{-}1}$	E$_{3\text{-}2\text{-}2}$	MEE$_{3\text{-}1}$	MEE$_{3\text{-}2}$
烷烃					
16	十二碳烷		√		
20	十三碳烷	√	√		
22	十四碳烷		√		
24	十五碳烷	√	√		
25	2,6,10-三甲基十二碳烷	√	√		
29	十六碳烷	√	√		√
30	2,6-二甲基十四烷	√	√		√
36	十七碳烷	√	√		
42	十九碳烷		√		√
44	二十碳烷	√	√	√	
48	二十二碳烷	√	√		
50	二十三碳烷	√	√		
55	二十四碳烷	√	√		√
59	二十五碳烷		√		
67	二十八碳烷		√		
烯烃					
33	(Z)-1-甲氧基-2-甲基丁-2-烯				√
芳烃					
1	甲苯	√	√	√	√
酮类化合物					
2	4-氨基-二氢-2(3H)-呋喃酮			√	
5	4-甲基-二氢-2H-吡喃-2-酮			√	
6	二氢-2,5-呋喃二酮				√
8	3-甲基二氢呋喃-2,5-二酮			√	
9	3,5-二甲基四氢-2H-吡喃-2-酮			√	
11	5-乙基二氢呋喃-2(3H)-酮				√
13	噁庚环-2,7-二酮			√	√
含氮化合物					
4	异氰酸基环己烷				√
10	己二腈			√	
12	4,8-二甲基喹啉			√	√

峰号	化合物	E_{3-2-1}	E_{3-2-2}	MEE_{3-1}	MEE_{3-2}
15	1-丁基-2,3,4,9-四氢-1H-吡啶并[3,4-b]吲哚				√
23	N,4-二甲苯磺酰胺	√	√	√	√
26	N,N,4-三甲基苯磺酰胺	√	√	√	√
27	N,N-二甲基十四烷-1-胺				√
28	N,4-二甲基-N-苯乙基苯磺酰胺	√	√	√	√
52	N-苯甲基-N-甲基十四烷-1-胺			√	√
74	N,4-二甲基-N-甲苯磺酰苯磺酰胺		√		
有机酸					
3	甘氨酸			√	
7	5-氨基-1H-吡唑-3-羧酸			√	
14	邻苯二甲酸			√	√
17	4-甲基苯磺酸			√	
18	对苯二甲酸			√	
21	4-氯邻苯二甲酸			√	
31	十四烷酸	√	√		√
32	十五烷酸	√			
37	棕榈酸	√	√	√	√
38	1,3-苯二甲酸			√	
39	3-甲基棕榈酸			√	
43	十七烷酸	√	√		√
45	(E)-十八碳-9-烯酸	√			
51	二十烷酸	√	√		
54	7-异丙基-1,4a-二甲基-1,2,3,4,4a,9,10,10a-八氢菲-1-羧酸	√	√		√
62	9,10-二氯十八烷酸				√
71	7-羰基脱氢松香酸				√
酯类化合物					
19	4-甲基苯磺酸乙酯		√	√	√
34	邻苯二甲酸异丁基丁酯		√	√	√
35	邻苯二甲酸二丁酯	√	√		
40	邻苯二甲酸戊己基酯	√	√		√
41	棕榈酸乙酯		√	√	

峰号	化合物	E$_{3-2-1}$	E$_{3-2-2}$	MEE$_{3-1}$	MEE$_{3-2}$
46	硬脂酸乙酯	√	√	√	√
47	硬脂酸丁酯		√	√	
53	(E)-3-(4-甲氧苯基)丙烯酸-2-乙基己基酯	√			
56	己二酸二(2-乙基己基)酯				√
57	十二烷基苯基碳酸酯	√			√
58	十三烷基苯基碳酸酯				√
60	十四烷基苯基碳酸酯	√			
61	十五烷基苯基碳酸酯	√			√
63	2,6-二甲基十四烷基苯基碳酸酯	√			√
64	邻苯二甲酸二(6-甲基庚基)酯	√	√	√	
65	十六烷基苯基碳酸酯	√	√		√
66	十七烷基苯基碳酸酯	√			
68	2,6,10,14-四甲基十四烷基苯基碳酸酯				√
69	十九烷基苯基碳酸酯	√			√
70	二十烷基苯基碳酸酯	√			√
72	二十一烷基苯基碳酸酯	√			√
73	二十二烷基苯基碳酸酯	√			√
75	二十三烷基苯基碳酸酯				√
76	二十四烷基苯基碳酸酯	√			√
77	邻苯二甲酸辛基异戊基酯	√	√		√
78	邻苯二甲酸辛基己基酯	√			√
79	二十五烷基苯基碳酸酯	√	√		√
80	邻苯二甲酸辛基环己基酯	√			√
81	邻苯二甲酸异癸基辛基酯		√		
82	邻苯二甲酸-3-(2-甲氧基乙基)辛基壬基酯	√	√		√
83	邻苯二甲酸-二(7-甲基辛基)酯	√	√		√
84	邻苯二甲酸二壬酯	√	√		√
85	邻苯二甲酸壬基-(2-甲基壬基)酯	√	√		√
86	邻苯二甲酸-3-(2-甲氧基乙基)辛基壬基酯	√	√		√

峰号	化合物	$E_{3\text{-}2\text{-}1}$	$E_{3\text{-}2\text{-}2}$	$MEE_{3\text{-}1}$	$MEE_{3\text{-}2}$
87	邻苯二甲酸壬基环己基酯	√	√		√
88	邻苯二甲酸-二(3,5-二甲基壬基)酯	√			√
89	邻苯二甲酸二癸酯	√			√
其他化合物					
49	癸基环戊烷			√	

由表 3-10 所列出的各类化合物,据其含量可计算出 $RHPF_{3\text{-}2}$ 中各类物质在各萃取物中的绝对含量(相对于氧化产物无灰干基质量),如图 3-35 所示。除酯类含量最高外,酮类、有机酸、含氮化合物和芳烃含量也较高,含量分别达到 28.2 mg/g、11.8 mg/g、10.1 mg/g、7.4 mg/g 和 8.2 mg/g。

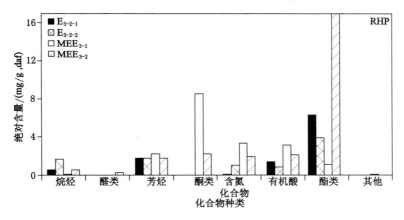

图 3-35　$RHPF_{3\text{-}2}$ 各级萃取物中各类化合物的含量图

$WSPF_{3\text{-}1}$ 各级萃取物的总离子流色谱图见图 3-36,所检测到的有机化合物列于表 3-11 中。

在 $WSPF_{3\text{-}1}$ 的各级萃取物中仅检测到 19 种有机化合物(表 3-11),其中烷烃 7 种、芳烃 2 种、醛类 1 种、含氮化合物 3 种、酯类 3 种及其他化合物 3 种。各级萃取物 $E_{1\text{-}1\text{-}1}$ ～ $E_{1\text{-}1\text{-}4}$ 中所检测到的化合物按种类分别为 8 种、8 种、9 种和 13 种。只检测到 2 种含氯化合物,即对氯甲苯(4)和 2,2,2-三氯乙醛(1)。

所检测到的烷烃有 5 种正构烷烃(C_{17}～C_{22})及 2 种甲基取代烷烃。只检测到甲苯(3)与对氯甲苯(4)两种芳烃。在含氮化合物中,有 2 种十四烷基胺(8 和 18)和 6-氨基己腈(16)。酯类化合物均为邻苯二甲酸酯。其他化合物均为含硫化合物,且均为环状化合物。

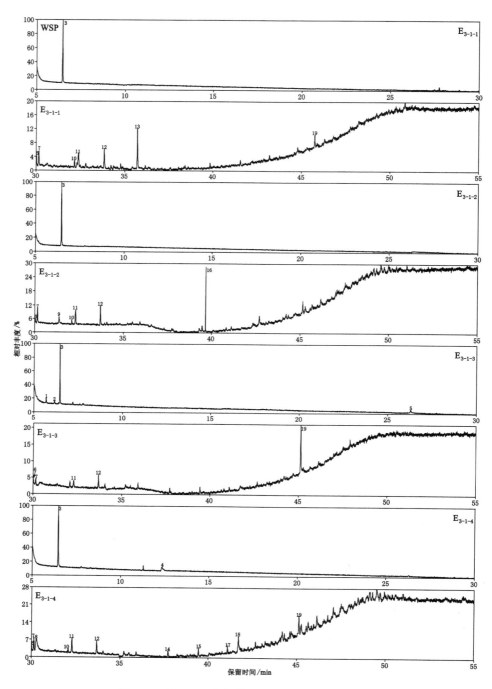

图 3-36　WSPF$_{3-1}$各级萃取物的总离子流色谱图

表 3-11　　　　　　　WSPF$_{3-1}$ 的各级萃取物中检测到的有机物

峰号	化合物	E$_{3-1-1}$	E$_{3-1-2}$	E$_{3-1-3}$	E$_{2-1-4}$
烷烃					
6	十七碳烷	√	√	√	√
7	2,6,10,14-四甲基十五碳烷	√	√	√	√
10	十九碳烷	√	√		√
11	2,6,10-三甲基十七碳烷	√	√	√	√
14	二十碳烷				√
15	二十一碳烷				√
17	二十二碳烷				√
芳烃/氯代芳烃					
3	甲苯	√	√	√	√
4	对氯甲苯				√
醛类化合物					
1	2,2,2-三氯乙醛			√	
含氮化合物					
8	N,N-二甲基十四烷-1-胺				√
16	6-氨基己腈		√		
18	N-苯甲基-N-甲基十四烷-1-胺				√
酯类化合物					
12	邻苯二甲酸丁基异丁基酯	√	√	√	√
13	邻苯二甲酸二丁酯	√			
19	邻苯二甲酸-二(6-甲基庚基)酯	√		√	√
其他					
2	二硫戊环			√	
5	环八硫			√	
9	六噻庚环		√		

由表 3-11 所列出的各类化合物,据其含量可计算出 WSPF$_{3-1}$ 中各类物质在各萃取物中的绝对含量(相对于氧化产物无灰干基质量),如图 3-37 所示。芳烃、烷烃和酯类化合物的含量较高,分别为 8.5 mg/g、4.0 mg/g 和 3.4 mg/g。

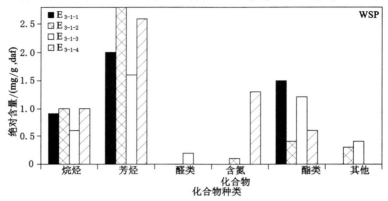

图 3-37　WSPF$_{3-1}$ 的各级萃取物中各类化合物的含量图

麦秆经第三级氧化后,产物滤液 WSPF$_{3-1}$ 经萃取完毕,经酸化后,所得滤液 WSPF$_{3-2}$。将麦秆第三级氧化第二阶段所得滤液 WSPF$_{3-2}$ 经溶剂分级萃取,对所得各级萃取物进行 GC/MS 分析,图 3-38 为各级萃取物的总离子流色谱图,所检测到的有机化合物列于表 3-12 中。

在 WSPF$_{3-2}$ 的各级萃取物中共检测到 102 种有机化合物(表 3-12),其中有烷烃 10 种、烯烃 1 种、芳烃 2 种、醇类 9 种、酮类 15 种、醛类 1 种、含氮化合物 11 种、有机酸 23 种、酯类 16 种、酚类 1 种及其他化合物 13 种。各级萃取物 E$_{3-2-1}$、E$_{3-2-2}$、MEE$_{3-1}$ 和 MEE$_{3-2}$ 中所检测到的化合物按种类分别为 23 种、36 种、52 种和 60 种。只检测到 4 种含氯的化合物。

所检测到的烷烃中有 8 种正构烷烃和 2 种甲基取代烷烃。烯烃中只检测到白菖烯(74)。芳烃有甲苯(8)和 7-异丙基-1-甲基菲(90)。醇类化合物富集于 EE 和 EA 萃取物中,多为甲基取代脂肪醇。检测到的酮类化合物以甲基取代烷酮为主,其次为呋喃酮(35 和 54)和苯乙酮(29 和 40)。所检测到的含氮化合物主要包括 4 种苯磺酰胺(65、66、69 和 96)、5 种烷基酰胺(30、46、67、91 和 93)以及喹啉(49)和肼(24)。

在萃取物中检测到的羧酸中,除 1H-吡唑-3-羧酸(34)、4-甲氧基苯乙酸(48)、邻苯二甲酸(56)、4-甲基苯磺酸(59)、对苯二甲酸(60)、3,4-二甲氧基苯酸(63)和 7-异丙基-1,4a-二甲基-1,2,3,4,4a,9,10,10a-八氢菲-1-羧酸(92)外,均为脂肪酸及甲基、甲氧基或羟基取代的衍生酸。酯类化合物主要是邻苯二甲酸烷基酯,可能是稻壳生物质中木质素与蜡质层的连接结构。其他化合物主要包

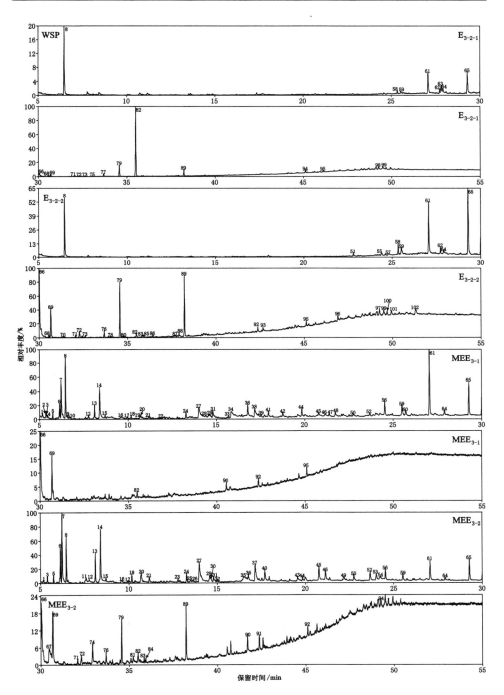

图 3-38 WSPF$_{3-2}$各级萃取物的总离子流色谱图

括二噁戊环、杂氧烷和含硫化合物。

表 3-12　　　　　　　　**WSPF$_{3-2}$ 的各级萃取物中检测到的有机物**

峰号	化合物	E$_{3-2-1}$	E$_{3-2-2}$	MEE$_{3-1}$	MEE$_{3-2}$
烷烃					
51	十四碳烷		√		
55	十五碳烷		√		
57	2-甲基十四碳烷		√		
58	十六碳烷	√	√		
62	十七碳烷	√	√		
71	十八烷	√	√		√
72	2,6,10,14-四甲基十四碳烷	√	√		√
78	十九碳烷		√		
84	二十烷				√
87	二十一烷		√		
烯烃					
74	白菖烯				√
芳烃					
8	甲苯	√	√	√	√
90	7-异丙基-1-甲基菲		√	√	
醇类化合物					
7	1,2-丁二醇			√	√
17	(S)-(2,2-二甲基-1,3-二噁戊环-4-基)甲醇	√		√	
20	1-甲氧基-2-丁醇			√	√
21	3-乙基-3-戊醇			√	√
31	3-甲基-4-庚醇			√	√
43	3-甲基-4-辛醇				√
45	4-甲基-3-壬醇			√	√
50	5-甲基-3-十一醇			√	√
52	(3S)-3,7,11-三甲基-3-十二醇			√	√
酮类化合物					
2	3-甲基-2-丁酮			√	
3	噁唑烷-2-酮			√	√
4	3-戊烷酮			√	
6	(E)-3-(甲氧基亚氨基)-2-丁酮			√	√
9	3-己酮			√	

峰号	化合物	E_{3-2-1}	E_{3-2-2}	MEE_{3-1}	MEE_{3-2}
10	2-己酮			√	
13	3,4-二甲基己烷-2-酮			√	√
23	4,4-二甲氧基丁烷-2-酮				√
29	香草乙酮			√	√
35	4-羟基二氢呋喃-2(3H)-酮				√
39	6-丙基四氢-2H-吡喃-2-酮			√	
40	3-甲氧基-4-羟基苯乙酮				√
54	5-丁基-4-甲基二氢呋喃-2(3H)-酮				√
75	6,10,14-三甲基十五烷-2-酮	√			
80	7,9-二-叔-丁基-1-氧杂螺[4.5]癸-6,9-二烯-2,8-二酮	√			
醛类化合物					
1	2-甲基丁醛			√	√
含氮化合物					
24	(3-氯苯基)肼			√	√
30	己酰胺				√
46	1,1-二氯己酰胺			√	
49	2,4-二甲基喹啉			√	
65	N,N,4-三甲基苯磺酰胺	√	√	√	√
66	N,4-二甲基苯磺酰胺	√	√	√	√
67	N,N-二甲基十四烷-1-胺				√
69	N,4-二甲基-N-苯乙基苯磺酰胺	√	√	√	√
91	N-苯甲基-N-甲基十四烷-1-胺				√
93	十八烷酰胺		√		
96	N,4-二甲基-N-甲苯磺酰苯磺酰胺	√			
有机酸					
14	(R)-2-羟基-2-甲基丁酸			√	√
18	1-羟基丙烷-1,2,3-三羧酸			√	√
26	4-(1-甲氧基-1-羰基丙烷-2-氧基)丁酸				√
34	1H-吡唑-3-羧酸			√	
36	2-氨基-3-甲氧基丁酸			√	√
38	2,3-二羟基丙酸			√	
42	2-羟基丁酸		√		

峰号	化合物	E_{3-2-1}	E_{3-2-2}	MEE_{3-1}	MEE_{3-2}
47	4-羰基戊酸			√	
48	4-甲氧基苯乙酸		√		
56	邻苯二甲酸			√	√
59	4-甲基苯磺酸	√	√	√	√
60	对苯二甲酸		√		
63	3,4-二甲氧基苯酸	√			
68	十四烷酸	√	√		
73	十五烷酸	√	√		
79	棕榈酸	√	√		√
81	3-甲基棕榈酸				√
85	14-甲基十六烷酸	√			
86	十七烷酸		√		
88	(E)-7-十八碳烯酸		√		
89	硬脂酸		√		√
92	7-异丙基-1,4a-二甲基-1,2,3,4,4a,9,10,10a-八氢菲-1-羧酸		√	√	√
98	二十三烷酸	√			
酯类化合物					
19	环己羧酸环己酯		√		
33	异丁酸十四烷酯			√	
37	3-(1,3-二噁戊环-2-基)丙基乙酸酯			√	
61	4-甲基苯磺酸乙酯	√	√	√	√
64	邻苯二甲酸二乙酯	√	√	√	√
76	辛基异丁基邻苯二甲酸酯		√		√
77	癸基异丁基邻苯二甲酸酯		√		
82	邻苯二甲酸二丁酯	√	√	√	√
83	二十烷酸乙酯		√		
94	邻苯二甲酸二丁酯	√			√
95	邻苯二甲酸二(6-甲基庚基)酯	√	√	√	
97	邻苯二甲酸异丙基辛基酯	√			
99	邻苯二甲酸二壬酯	√	√		√
100	邻苯二甲酸庚基辛基酯		√		

续表 3-12

峰号	化合物	E_{3-2-1}	E_{3-2-2}	MEE_{3-1}	MEE_{3-2}
101	壬基辛烷-4-基邻苯二甲酸酯		√		
102	邻苯二甲酸辛基壬基酯	√			
酚类化合物					
15	1,4-甲基萘-1,2,3,4-四氢-9-酚		√	√	
其他化合物					
5	2,2,4-三甲基-1,3-二噁戊环			√	√
11	1-异硫氰基丙烷				√
12	1,1-二丙氧基丙烷			√	√
16	甲磺酰甲烷			√	√
22	甲磺酰乙烷			√	
25	2,3,4,5-四甲氧基四氢-2H-吡喃	√			
27	1,1-二甲氧基乙烷			√	√
28	乙基磺酰乙烷			√	
32	1-氯-2-乙氧基苯				√
41	2-(氯甲基)-1,3-二噁戊环			√	
44	1-(1-乙氧基乙氧基)辛烷			√	√
53	2-丁基-1,3-二噁戊环				√
70	六噻庚环		√		

由表 3-12 所列出的各类化合物,据其含量可计算出滤液 $WSPF_{3-2}$ 中各类物质在各萃取物中的绝对含量(相对于氧化产物无灰干基质量),如图 3-39 所示。

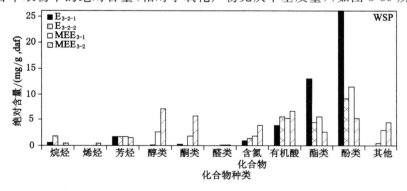

图 3-39 $WSPF_{3-2}$ 各级萃取物中各类化合物的含量图

3.4　稻壳和麦秆各级氧化降解失重率

图 3-40 为 RHP 和 WSP 各级氧化降解失重率。随着 RHP 和 WSP 的逐级氧化降解,有机质成分逐渐降解为小分子化合物进入液相中,剩余固体残渣质量逐渐减少,经三级氧化降解后,两者残留量分别约为 20％和 5％。

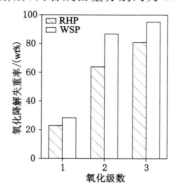

图 3-40　RHP 和 WSP 各级氧化降解失重率

在各级氧化中,WSP 的失重率均高于 RHP。经第一级氧化,约有 20％～30％的原料被氧化降解;第二级氧化降解对于二者的总失重率均有较大幅度提高,分别达到 63％和 85％;第三级氧化后,液相产物中所检测到的化合物种类与含量均大幅减少,可认为两种生物质中的可降解组分已基本降解进入液相产物中。从两种生物质的组成上看,最终降解残渣可能为硅的氧化物。

3.5　小　　结

相对于传统的生物降解或热化学降解方法,NaOCl 氧化降解反应是在温和条件下进行的,能耗少、过程可控性强、成本低,尤其是逐级氧化方法,能快速有效地将生物质降解为小分子化合物,反应产物中含有大量高附加值化学品,甚至保留原始结构,溶剂分级萃取预处理能实现降解产物中有机化合物的分离与富集,有助于详细分析成分,不仅为揭示生物质分子结构和氧化降解机理提供科学依据,还可为化学品定向制备及产物的提取提供指导。

氧化产物的各级萃取物经 FTIR 和 GC/MS 分析,检测到降解产物中含有烷烃、芳烃、醛类、酮类、酚类、有机酸、酯类和含氮化合物以及少量烯烃和醇等其他化合物。其中,有机酸、酯类和酮类的含量较高。烷烃主要来自生物质的蜡质层。萃取物中芳烃的总体含量不高,主要有苯、甲苯和甲基萘。醛类以苯甲醛衍生物为主,可能直接来源于木质素的降解。酮类化合物种类较为丰富,主要有呋喃酮、环烷酮、吡喃酮、烯酮和含苯酮类化合物,其中前三类可能来自于半纤维素或纤维素的氧化降解,而含苯酮则可能来自木质素的降解产物。长链脂肪酸可能来自于 RHP 和 WSP 的油脂中,也可能是蜡质经 NaOCl 氧化而成的。酯类化合物主要有邻苯二甲酸酯和脂肪酸酯,其中前者多是由邻苯二甲酸与长链脂肪醇组成的酯,可能是生物质中木质素与蜡质层的连接结构。检测到的含氮化合物种类丰富,可以分为胺类(主要为酰胺)、氮杂环化合物、腈类、氨基化合物及磺胺等,其中以前两者最为丰富。在萃取物中检测到的醇类和烯烃极少,可能因为两者还原性较强,被 NaOCl 迅速氧化。其他化合物主要包括甾烷(或醇和酮)、杂氧烷、醚类和含硫化合物。其中,甾族化合物以及藿烷和 28-去甲基-17-β-(H)何伯烷等是地球生物标志化合物。

在反应产物的分级萃取中,EE 对各产物的萃取效果最好,而 PE 对烷烃,CS_2 对含氮化合物、醛、酮、羧酸和酯类化合物,以及 EA 对羧酸类化合物具有很好的富集作用。CS_2 对酰胺和吡咯烷酮的萃取作用尤为突出,其原因可能是 CS_2 中的 C=S 键与含氮化合物中的 C=O 键之间强烈的 π—π 相互作用。

在 NaOCl 氧化降解体系中,不仅发生氧化还原反应,导致化学键断裂和生成含氧化合物,还会同时发生氯取代反应,尤其在酚类、短链脂肪酸和甲氧基苯中含氯衍生物较多。

4 稻壳和麦秆的溶剂分级萃取

生物质中除纤维素、半纤维素和木质素三大主要组成成分外,还含有游离的营养物质、脂质和其他可萃取物。这些物质在生物质中的存在可能只是基于氢键或分子间作用力,而不是通过强的化学键连接,故可采用温和的萃取方法即可将这些化合物分离提取出来。此外,生物质在溶剂萃取过程中,必然发生组成上的改变,甚至结构上的改变,进而影响其在后续加工利用中的转化历程。将溶剂萃取作为生物质降解预处理方法可有效提高后续利用的效率,如 PE 可对农作物秸秆中的蜡质进行有效脱除,脱蜡后的秸秆在进行醇解或超临界萃取时,呈现出更高的分解效率。

为考察有机溶剂对 RHP 和 WSP 生物质中有机质的萃取作用以及对后续逐级氧化中的影响,本章使用多种溶剂对两种生物质进行分级萃取,并对各级萃取物进行详细的成分分析,包括 FTIR 分析和 GC/MS 分析,进而提出温和条件下对生物质进行预处理的方法,应用于后续更高层次的降解利用中。

4.1 RHP 和 WSP 分级萃取物的 FTIR 分析

按照图 2-4 所描述方法对 RHP 和 WSP 进行溶剂萃取,将各级萃取物(EFRHP$_1$～EFRHP$_7$ 和 EFWSP$_1$～EFWSP$_7$)与萃余物残渣(RHPR 和 WSPR)进行 FTIR 分析。

如图 4-1 所示,在稻壳各级萃取物中,除 EFRHP$_7$ 外,在 3 400 cm^{-1} 附近均有较为明显的 O—H 键伸缩振动吸收峰,各萃取物中位于 2 929 cm^{-1} 的饱和 C—H 键不对称伸缩振动吸收峰及 2 850 cm^{-1} 附近 C—C 键结构的振动吸收峰均比 RHP 原料和残渣 RHPR 明显,表明在各级萃取物中均含有饱和烷烃、脂肪族化合物、醇类、酚类以及羧酸。位于 1 736 cm^{-1} 附近的 C ═O 键伸缩振动吸收峰以及位于 1 217 cm^{-1} 附近的烷基芳基醚键 C—O 键吸收峰强度逐渐增强。在各级萃取物中,未发现明显的含苯化合物特征吸收,故推断在稻壳的有机溶剂萃取中,很难获得木质素的降解产物。

在麦秆的各级萃取物中(图 4-2),位于 3 400 cm^{-1} 附近均有较为明显的 O—H 键伸缩振动吸收峰,表明存在醇类或酚类等。位于 2 929 cm^{-1} 的饱和 C—

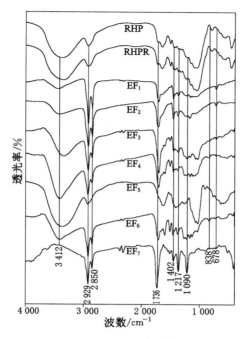

图 4-1　RHP 各萃取物的 FTIR 分析

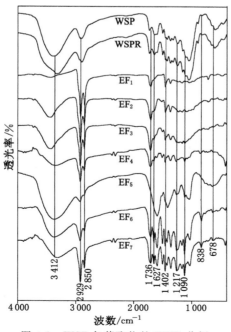

图 4-2　WSP 各萃取物的 FTIR 分析

H 键不对称伸缩振动吸收峰及 2 850 cm^{-1} 附近 C—C 键结构的振动吸收峰也较为明显,则表明存在饱和烷烃或脂肪族化合物,可能为蜡质、纤维素和半纤维素的降解产物。各级萃取物在位于 1 736 cm^{-1} 附近的 C=O 键伸缩振动吸收峰均较弱,表明含有的酮类、醛类、羧酸或酯类化合物较少。在 1 627 cm^{-1} 附近有强烈的吸收峰,表明含有 C=C 不饱和键以及与芳环相连的 C—O 键,因此该萃取物中含有木质素降解成分。这与稻壳萃取物中有明显不同,尤其在 EFWSP$_6$ 和 EFWSP$_7$ 中更为明显。

4.2　RHP 和 WSP 分级萃取物的 GC/MS 分析

采用 GC/MS 对分级萃取中各萃取物成分进行测定,如图 4-3 所示为萃取物 EFRHP$_1$ 的总离子流色谱图,相应地,表 4-1 所列为检测出的有机化合物。

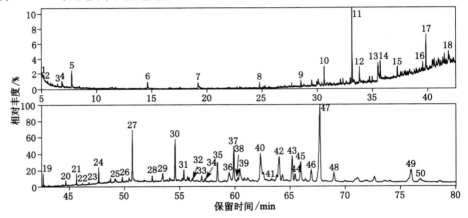

图 4-3　萃取物 EFRHP$_1$ 的总离子流色谱图

表 4-1　　　　　　　　　　萃取物 EFRHP$_1$ 中检测到的有机化合物

峰号	化合物	峰号	化合物
	烷烃		酮类化合物
4	辛烷	11	6,10,14-三甲基-2-十五烷酮
17	十四碳烷	34	1-(2,6,6-三甲基)-1-环己烯-1-戊烯-3-酮
18	十五碳烷		醇类化合物
20	十六碳烷	5	二丙酮醇
22	十七碳烷	7	2-环己烯-1-醇
24	十八碳烷	9	柏木醇

续表 4-1

峰号	化合物	峰号	化合物
25	十九碳烷	44	2-十八碳烯-1-醇
27	二十碳烷		甾族化合物
28	二十一碳烷	31	3,5-豆甾二烯
30	二十二碳烷	32	维生素 E
33	二十三碳烷	36	菜油甾醇
35	二十四碳烷	38	胆甾-4-烯-3-酮
37	二十五碳烷	39	豆固醇
41	二十六碳烷	40	22,23-二氢豆甾醇
50	二十七碳烷	42	(9β,10α)-孕-4-烯-3,20-二酮
	烯烃	43	豆固酮
10	7-甲基-6-十三烯	45	24(S)-乙基-3α,5α-环胆甾-22(E)-烯-6-酮
23	十五碳烯	46	4,14-二甲基-9,19-环麦角甾-24(28)-烯-3-醇
26	十八碳烯	47	4-豆甾烯-3-酮
	芳烃	48	豆甾-3,5-二烯-7-酮
1	苯	49	豆甾烷-3,6-二酮
3	甲苯		有机酸
8	2-甲基芴	13	棕榈酸
15	3-甲基萘	16	亚油酸
	呋喃类化合物		酯类化合物
2	2,5-二甲基呋喃	12	邻苯二甲酸二异丁酯
	醛类化合物	14	邻苯二甲酸二丁酯
6	壬醛	19	4,8,12,16-四甲基十七碳烷酸内酯
29	十八碳醛	21	邻苯二甲酸单(2-乙基己基)酯

稻壳样品 RHP 的石油醚萃取物 $EFRHP_1$ 经 GC/MS 分析,共检测到 50 种有机化合物,如表 4-1 所列。根据分子结构与元素组成,可将这些有机化合物分为烷烃、烯烃、醛、酮、醇、酯、呋喃、含苯化合物、有机酸和甾族化合物 10 类,其中有烷烃 15 种、烯烃 3 种、芳烃 4 种、呋喃化合物 1 种、醛类化合物 2 种、酮类化合物 2 种、醇类化合物 4 种、有机酸 2 种、酯类化合物 4 种和甾族化合物

13 种。

稻壳生物质中的有机质主要成分为纤维素、半纤维素和木质素，还有蜡质和脂质等。其中，长链烷烃、烯烃和醛类化合物可能来自于稻壳的蜡质层，如 $C_8 \sim C_{27}$ 正构烷烃；含有苯环的化合物可能是木质素的降解产物，包括苯、甲苯和邻苯二甲酸酯等。检测到大量甾族化合物，包括胆甾烯酮（或烷、醇）和豆甾烯酮（或烷、醇）等，其中 4-豆甾烯-3-酮(47)的相对含量最高。甾族化合物大多是重要的地球生物标志物，广泛存在于植物中，大多是生物学上极其重要的物质，并可作为合成药物和有机化学品的原料，用于治疗疾病等。因此，在温和条件下采用石油醚对稻壳或其他生物质进行萃取是获得甾族化合物的可行手段。此外，还检测到了维生素 E 等。

如图 4-4 所示，萃取物中甾族化合物的含量最高，相对含量占总萃取物的65.62%，故可经提取后作为药物合成原料来源；其次含量较高的是烷烃。这些检测到的化合物说明非破坏性方法可从生物质中提取结构较为完整的大分子化合物和营养物质（如甾族化合物）等。

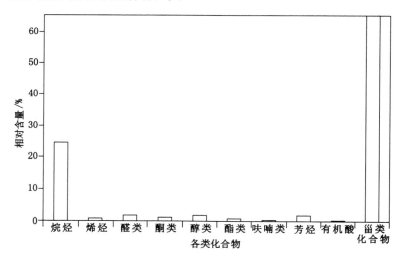

图 4-4　各类化合物在萃取物 EFRHP₁ 中的相对含量

稻壳样品 RHP 的 CS_2 萃取物 EFRHP₂ 经 GC/MS 分析（图 4-5），共检测到67 种有机化合物，如表 4-2 所列。根据分子结构与元素组成，可将这些有机化合物分为烷烃、芳烃、醇、呋喃、醛、含氮化合物、酮、有机酸、酯类、酚类和其他化合物 11 类，其中有烷烃 3 种、芳烃 15 种、醇类 3 种、呋喃类 2 种、醛类 2 种、含氮化合物 4 种、酮类 20 种、有机酸 3 种、酯类 6 种、酚类 2 种和其他化合物 7 种。

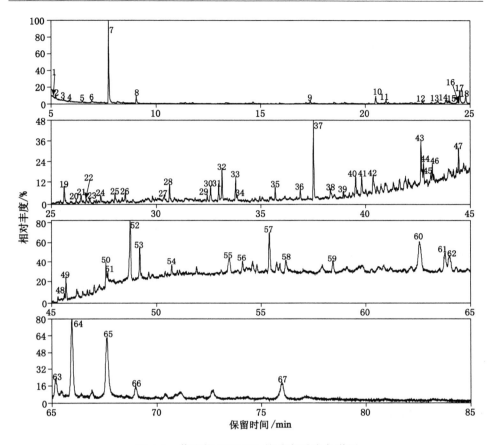

图 4-5 萃取物 EFRHP$_2$ 的总离子流色谱图

表 4-2 萃取物 EFRHP$_2$ 中检测到的有机化合物

峰号	化合物	峰号	化合物
	烷烃		酮类化合物
1	戊烷	4	1-环戊基丙烷-2-酮
51	十九烷	7	4-羟基-4-甲基戊烷-2-酮
54	二十烷	8	环己酮
	芳烃	18	1-(3,5-二甲氧苯基)乙酮
2	苯	23	TMTHBF
5	甲苯	27	4,6-二甲氧基苯并呋喃-3(2H)-酮
9	萘	29	HTMOBECHE
10	1-甲基萘	32	6,10,14-三甲基十五烷-2-酮

峰号	化合物	峰号	化合物
11	(E)-1-亚乙基-1H-茚	39	2-(5-羰基己基)环戊酮
12	联苯	42	HMTHIDO
13	1,6-二甲基萘	43	MTMTDDHFO
14	2,7-二甲基萘	46	1-(4-甲基-[1,1′,4′,1″]三联苯基-4″-基)乙酮
15	2,3-二甲基萘	48	3,5,7-三羟基-2-(4-甲氧苯基)色烷-4-酮
16	1,3,6-三甲基萘	52	AEDDHCPPAO
19	1,2-二氢苊烯	56	2,5-二羟基-3-十八烷基环己-2,5-二烯-1,4-二酮
22	1,6,7-三甲基萘	57	EOMPEBLPDTO
25	9H-芴	62	4-豆甾烯-3-酮
30	菲	63	DMHDMDDHCPAO
38	荧蒽	65	豆甾烷-3,6-二酮
醇类化合物		67	EMHDMDDHCPPAODO
26	TMOHBA	酯类化合物	
60	5,6-二氢麦角甾醇	17	邻苯二甲酸二甲酯
66	豆甾醇	20	2-乙基己基环己羧酸酯
呋喃类化合物		33	异丁基十一烷基邻苯二甲酸酯
3	2,5-二甲基呋喃	35	邻苯二甲酸二丁酯
21	二苯并[b,d]呋喃	36	二(2-异丙氧基苯基)草酸酯
醛类化合物		47	MOMOSBOCHCX
6	己醛	酚类化合物	
59	十八烷醛	44	8-氨基萘-2-酚
含氮化合物		50	MOHCPP
24	1-甲基-5-硝基-1H-咪唑	其他化合物	
37	2,5-二甲基-1H-苯并[d]咪唑	28	5,5-二甲基-5H-二苯并[b,d]硅杂唑
45	硬脂酰胺	31	(1S,2S,5S)-2,6,6-三甲基二环[3.1.1]庚烷
64	4-乙基喹唑啉	34	(1S,5s,8S)-1,8-二甲基螺[4.5]癸烷
有机酸		40	5-叔-丁基-2,2′-二甲氧基联苯
41	1-(4-丙氧苯基)环戊羧酸	55	DMHDMDDHCPPAE

峰号	化合物	峰号	化合物
49	2-[(2-乙基己氧基)羰基]苯甲酸	58	维生素 E
53	2,3,4-三甲氧基-6-硝基苯甲酸	61	11,13,18-齐墩果二烯

注：TMTHBF：4,4,7a-trimethyl-5,6,7,7a-tetrahydrobenzofuran-2(4H)-one；

TMOHBA：1,1,4a,7-tetramethyl-2,3,4,4a,5,6,7,8-octahydro-1H-benzo[7]annulen-7-ol；

HTMOBECHE：4-hydroxy-3,5,6-trimethyl-4-(3-oxobut-1-enyl)cyclohex-2-enone；

HMTHIDO：3,3,4,5,5,8-hexamethyl-2,3,6,7-tetrahydros-indacen-1-one；

MTMTDDHFO：5-methyl-5-(4,8,12-trimethyltridecyl)dihydrofuran-2(3H)-one；

MOMOSBOCHCX：methyl 5-hydroxy-6′-methoxy-7-methyl-4,4′-dioxo-4H-spiro[benzo[d][1,3]dioxine-2,1′-cyclohexa[2,5]diene]-2′-carboxylate；

MOHCPP：13-methyl-7,8,9,11,12,13,14,15-octahydro-6H-cyclopenta[a]phenanthren-3-ol；

AEDDHCPPAO：17-acetyl-13-ethyl-6,7,8,9,10,11,12,13,14,15,16,17-dodecahydro-1H-cyclopenta[a]phenan-thren-3-one；

DMHDMDDHCPAE：5,6-dimethylhept-3-en-2-yl)-10,13-dimethyl-2,3,8,9,10,11,12,13,14,15,16,17-dodeca-hydro-cyclopenta[a]phenanthrene；

EOMPEBLPDTO：5-(3-(2-(3-ethoxy-5-methylphenoxy)ethoxy)benzylidene)pyrimidine-2,4,6-trione；

DMHDMDDHCPAO：17-5,6-dimethylhept-3-en-2-yl)-10,13-dimethyl-6,7,8,9,10,11,12,13,14,15,16,17-dodecahydro-1H-cyclopenta[a]phenanthren-3(2H)-one；

EMHDMDDHCPPAODO：17-(5-ethyl-6-methylheptan-2-yl)-10,13-dimethyldodecahydro-1H-cyclopenta[a]phenanthrene-3,6-dione.

长链烷烃(51 和 54)和醛(59)可能来自于稻壳的蜡质层。除苯(2)、甲苯(5)和联苯(12)外,还检测到甲基萘(10、13～16 和 22)、苊(25)及稠环芳烃,如菲(30)和荧蒽(38)。醇类化合物中除苯并轮烯醇(26)外,还有两种甾醇,即麦角甾醇(60)和豆甾醇(66)。2,5-二甲基呋喃(3)可能来源于半纤维素的产物,而二苯并[b,d]呋喃(21)可能源于木质素。由于含氮化合物是在温和的萃取条件下获得的,可能保留了其在稻壳中的原始结构,因此有助于了解 N 元素在生物质中的赋存结构。检测到的含氮化合物有咪唑(24 和 37)、酰胺(45)和喹唑啉(64)。检测到的有机酸均为含苯羧酸,可能来自于木质素。酮类化合物种类较多,有烷酮(4、7 和 32)、环烷酮(8、29 和 39)、呋喃酮(23、27和 43)、烯酮(29 和 56)、苯乙酮(18 和 46)和甾酮(52、57、63 和 67)等。酯类化合物以邻苯二甲酸酯为主。

同样检测到了大量甾族化合物,共有 10 种,包括胆甾烯酮(或烷、醇)和豆甾烯酮(或烷、醇)等,相对含量达 43.85%,绝对含量约为 15.3 mg/g,其中豆甾烷-3,6-二酮(65)的相对含量最高。甾族化合物大多是重要的地球生物标志物,广泛存在于植物中,大多是生物学上极其重要的物质,并可作为合成药物和有机化学品的原料,用于治疗疾病等。

如图 4-6 所示为 EFRHP$_2$ 中各类物质的含量。不同于 EFRHP$_1$，CS$_2$ 萃取物中酮类化合物含量明显增加，含氮化合物和酯类含量也有所提高，这可能是由于 CS$_2$ 中的 C═S 键与酮类、含氮化合物和酯类化合物中的 C═O 键之间强烈的 π—π 相互作用，使得这些成分更容易被萃取出来。

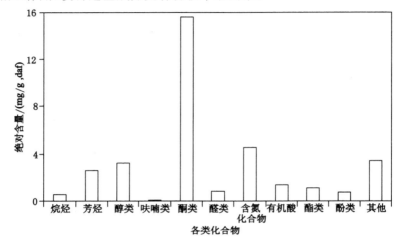

图 4-6　各类化合物在萃取物 EFRHP$_2$ 中的绝对含量

麦秆样品 WSP 的 PE 萃取物 EFWSP$_1$ 经 GC/MS 分析（图 4-7），共检测到 48 种有机化合物，如表 4-3 所列。根据分子结构与元素组成，可将这些有机化合物分为烷烃、烯烃、芳烃、醇类、呋喃、醛类、酮类、含氮化合物、有机酸、酯类、酚类和其他化合物 12 类，其中，烷烃 9 种、烯烃 4 种、芳烃 2 种、醇类 4 种、呋喃类 1 种、醛类 4 种、酮类 14 种、含氮化合物 2 种、有机酸 1 种、酯类 3 种。酚类 1 种和其他化合物 3 种。

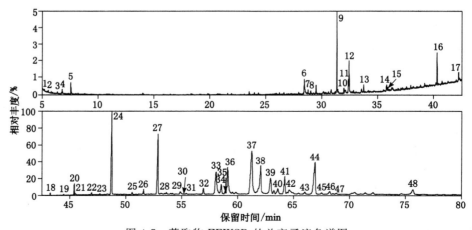

图 4-7　萃取物 EFWSP$_1$ 的总离子流色谱图

表 4-3 萃取物 EFWSP₁ 中检测到的有机化合物

峰号	化合物	峰号	化合物
	烷烃		酮类化合物
8	2,10-二甲基十一碳烷	5	4-羟基-4-甲基戊烷-2-酮
15	十四碳烷	9	6,10,14-三甲基十五烷-2-酮
17	十六碳烷	11	7-己基噁庚环-2-酮
22	十八碳烷	12	十七烷-2-酮
24	十九碳烷	16	5-甲基-5-(4,8,12-三甲基十三烷基)二氢呋喃-2(3H)-酮
25	二十碳烷	35	DMMHDHCPPTO
27	二十一碳烷	39	ADMDHCPPTO
31	二十二碳烷	40	漏芦甾酮
34	二十四碳烷	41	4-豆甾烯-3-酮
	烯烃	42	EMHDMDHCPPTO
14	5-十九碳烯	44	豆甾烷-3,6-二酮
21	5-二十碳烯	45	IPHDMDHCPPTO
26	1,19-二十碳二烯	46	豆甾-3,5-二烯-7-酮
32	1,21-二十二碳二烯	48	EMHDMDHCPPTO
	芳烃		含氮化合物
1	苯	6	N,4-二甲基苯磺酰胺
3	甲苯	38	N-[2-(4-吗啉基)乙基]羟基苯丁酰胺
	醇类		有机酸
20	菜油甾醇	18	2-((2-乙基己氧基)羰基)苯甲酸
33	菜籽甾醇		酯类化合物
37	22,23-二氢豆甾醇	10	邻苯二甲酸丁基异丁基酯
43	2-十四碳烯醇	13	邻苯二甲酸异丁基壬基酯
	呋喃类化合物	47	HMPIHCPCSA
2	2,5-二甲基呋喃		酚类化合物
	醛类化合物	30	DMMHTHCPPT
4	己醛		其他
7	十三碳醛	28	1-(乙烯基氧代)十八烷
19	十六碳醛	29	EMHDMDHCPPT
23	硬脂醛	36	TMTDHCPPT

注:EMHDMDHCPPT:17-(5-ethyl-6-methylheptan-2-yl)-10,13-dimethyl-2,7,8,9,10,11,12,13,14,

15,16,17-dodecahydro-1H-cyclopenta[a]phenanthrene；

DMMHTHCPPT：10,13-dimethyl-17-((R)-6-methylheptan-2-yl)-2,3,4,7,8,9,10,11,12,13,14,15,16,17-tetradecahydro-1H-cyclopenta[a]phenanthren-3-ol；

DMMHDHCPPTO：10,13-dimethyl-17-(6-methylheptan-2-yl)-6,7,8,9,10,11,12,13,14,15,16,17-dodecahydro-1H-cyclopenta[a]phenanthren-3(2H)-one；

TMTDHCPPT：4,4,10,13-tetramethyl-17-((R,E)-6-methylhepta-3,5-dien-2-yl)-2,3,4,5,8,9,10,11,12,13,14,15,16,17-tetradecahydro-1H-cyclopenta[a]phenanthrene；

ADMDHCPPTO：17-acetyl-10,13-dimethyl-6,7,8,9,10,11,12,13,14,15,16,17-dodecahydro-cyclopenta[a]phenanthren-3-one；

EMHDMDHCPPTO：17-((2R,5R)-5-ethyl-6-methylheptan-2-yl)-10,13-dimethyl-6,7,8,9,10,11,12,13,14,15,16,17-dodecahydro-1H-cyclopenta[a]phenanthren-3(2H)-one；

IPHDMDHCPPTO：17-(5-isopropylhept-5-en-2-yl)-10,13-dimethyl-6,7,8,9,10,11,12,13,14,15,16,17-dodecahydro-1H-cyclopenta[a]phenanthren-3(2H)-one；

HMPIHCPCSA：3a,5a,5b,8,8,11a-hexamethyl-(prop-1-en-2-yl)icosahydro-cyclopenta[a]chrysen-9-yl acetate；

EMHDMDHCPPTO：17-(5-ethyl-6-methylheptan-2-yl)-10,13-dimethyldodecahydro-cyclopenta[a]phenan-threne-3,6-dione.

　　长链烷烃（$C_{13} \sim C_{24}$）、烯烃和碳醛可能来自于稻壳的蜡质层。苯（1）和甲苯（3）仍是检测到的仅有芳烃。醇类化合物中包含 3 种甾醇（20、33 和 37）和2-十四碳烯醇。与之前萃取物中检测到的醛类相同，只有 2,5-二甲基呋喃（2），其可能来源于半纤维素的产物。含氮化合物、有机酸和酯类均为含苯化合物。所检测到的酮类化合物种类仍然较多，除烷酮（5、9 和 12）、环烷酮（11）、呋喃酮（16）和烯酮（29 和 56）之外，种类和含量最多的是甾酮（35、39～42、44～46 和 48）等。

　　甾族化合物仍然是萃取物中的主要成分，共有 16 种，包括胆甾烯酮（或烷、醇）和豆甾烯酮（或烷、醇）等，相对含量达 62.91%，其中 22,23-二氢豆甾醇（37）和豆甾烷-3,6-二酮（44）的相对含量最高。甾族化合物大多是重要的地球生物标志物，广泛存在于植物中，因此可采用溶剂萃取的方法便可将甾族化合物从生物质中提取。

　　如图 4-8 所示为 $EFWSP_1$ 中各类物质的含量。酮类化合物、烷烃、芳烃和含氮化合物的含量较高。PE 对烷烃有很好的萃取效果，可从蜡质层中将烷烃分离，实现生物质的脱蜡。

　　麦秆样品 WSP 的 CS_2 萃取物 $EFWSP_2$ 经 GC/MS 分析（图 4-9），共检测到 27 种有机化合物，如表 4-4 所列。根据分子结构与元素组成，可将这些有机化合物分为 4 种芳烃、2 种醇类、2 种呋喃、1 种含氮化合物、11 种酮类、6 种酯类和1 种酚类化合物。

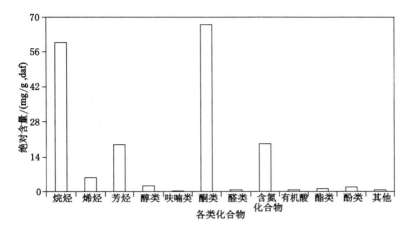

图 4-8 各类化合物在萃取物 EFWSP₁ 中的绝对含量

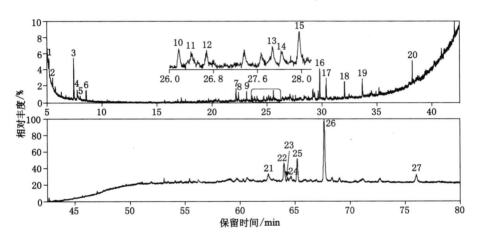

图 4-9 萃取物 EFWSP₂ 的总离子流色谱图

表 4-4	萃取物 EFWSP₂ 中检测到的有机化合物		
峰号	化合物	峰号	化合物
芳烃及衍生物		酮类化合物	
1	苯	3	4-羟基-4-甲基戊烷-2-酮
5	二甲苯	4	6,10-二甲基-5,9-十二碳二烯-2-酮
9	1,2-二氢苊烯	6	环己酮
14	9H-芴	8	(E)-4-(4-氯苯基)丁-3-烯-2-酮
醇类		10	5-甲基己-4-烯-3-酮
15	DMOHNP	16	6,10,14-三甲基十五烷-2-酮

续表 4-4

峰号	化合物	峰号	化合物
21	谷甾醇	20	5-甲基-5-(4,8,12-三甲基十三烷基)二氢呋喃-2(3H)-酮
	呋喃类化合物	24	EMHEYDMDHCPPTO
2	2,5-二甲基呋喃	25	2,5-二羟基-3-十八烷基环己-2,5-二烯-1,4-二酮
11	二苯并[b,d]呋喃	26	EMHYDMDHCPPTO
	酯类化合物	27	HXEIDMMHTDCPPTO
7	邻苯二甲酸二甲酯		含氮化合物
13	邻苯二甲酸乙基苯甲基酯	12	N-甲基吡咯烷-2-酮
17	邻苯二甲酸丁基辛基酯		酚类化合物
18	邻苯二甲酸二丁酯	23	TMMHTDHCPPT
19	2-苯基-4,5-二氢噁唑-4-羧酸异丙酯		
22	3,7,11,15-四甲基十六烷基尼古丁酸酯		

注：DMOHNP：2-(4a,8-dimethyl-2,3,4,4a,5,6,7,8-octahydronaphthalen-2-yl)propan-2-ol；

TMMHTDHCPPT：4,4,10,13-tetramethyl-17-(6-methylheptan-2-yl)-2,3,4,7,8,9,10,11,12,13,14,15,16,17-tetra-decahydro-1H-cyclo-penta[a]phenanthren-3-ol；

EMHEYDMDHCPPTO：17-(5-ethyl-6-methylhept-3-en-2-yl)-10,13-dimethyl-4,5,7,8,9,11,12,13,14,15,16,17-dodecahydro-1H-cyclopenta[a]phenanthren-6(10H)-one；

EMHYDMDHCPPTO：17-(5-ethyl-6-methylheptan-2-yl)-10,13-dimethyl-6,7,8,9,10,11,12,13,14,15,16,17-dodecahydro-1H-cyclopenta[a]phenanthren-3-one；

HXEIDMMHTDCPPTO：2-(1-hydroxyethylidene)-10,13-dimethyl-17-(6-methylheptan-2-yl)tetra-decahydro-1H-cyclopenta[a]phenanthren-3(2H)-one.

除苯(1)和二甲苯(5)外，还检测到有 1,2-二氢苊烯(9)和 9H-芴(14)两种芳烃衍生物。谷甾醇(21)的相对含量较高，相对含量达到 9.57%。2,5-二甲基呋喃(2)和二苯并[b,d]呋喃(11)可能分别来源于麦秆中的半纤维素和木质素。酯类化合物中主要为邻苯二甲酸酯(7、13、17 和 18)，但 3,7,11,15-四甲基十六烷基尼古丁酸酯(22)的相对含量较高，达到 11.56%。酮类化合物种类较多，有烷酮(3 和 16)、烯酮(4、8、10 和 25)、环烷酮(6)、呋喃酮(20)和甾酮(24、26 和 27)等。

在 $EFWSP_2$ 中同样检测到甾族化合物，共有 5 种，相对含量达 66.11%，绝对含量约为 5.0 mg/g。如图 4-10 所示为 $EFWSP_2$ 中各类物质的含量。酮类和酯类化合物的含量最高，这可能是由于萃取试剂 CS_2 中的 C＝S 键与酮类和酯类化合物中的 C ═O 键之间强烈的 π—π 相互作用,使得这些成分更容易被萃取出来。

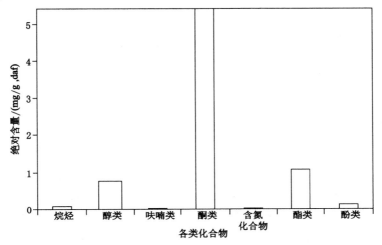

图 4-10　各类化合物在萃取物 EFWSP$_2$ 中的绝对含量

4.3　RHP 和 WSP 分级萃取物的萃取率

按照图 2-4 所描述方法对 RHP 和 WSP 进行溶剂萃取,所得各级萃取物的萃取率如图 4-11 所示。甲醇对 RHP 和 WSP 的萃取率都较高,约为 2.5%,可能是由于甲醇对有机物和无机物均有一定的溶解性;PE 和 CS$_2$ 次之,分别约为 0.5%。

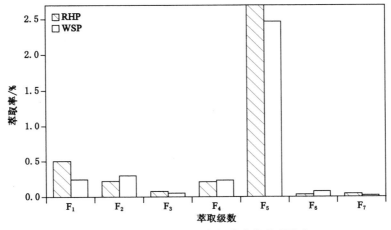

图 4-11　RHP 和 WSP 各级萃取物的萃取率

虽然溶剂萃取整体萃取率并不高,但可有效富集并提取甾族化合物,获取化工生产原料,可应用于药物制取等领域,实现高附加值利用。此外,PE 对烷烃有很好的萃取效果,可用于生物质脱蜡处理。

溶剂萃取可将生物质中结合较弱的游离有机质萃取出来,如甾族化合物、蜡质中的烷烃和酮类(烯酮和呋喃酮)化合物等,也可能在一定程度上改变生物质的结构组成,故可作为生物质后续降解利用的预处理方法。

4.4 小　　结

在温和的条件下,只对 RHP 和 WSP 进行多级溶剂萃取,便可将生物质中结合较弱的游离有机质分离出来,经 FTIR 分析发现萃取物中含有大量饱和 C—H 键化合物、C═O 键化合物和—OH 的化合物,由此推测萃取物中含有烷烃、饱和脂肪醇、酮、醛、羧酸或酯类化合物。经 GC/MS 分析,萃取物中所含物种分布与 FTIR 分析结果一致,以甾族化合物、烷烃和酮类(烯酮和呋喃酮)化合物为主。虽然溶剂分级萃取体系对整体的萃取率并不高,但萃取物中富含甾族化合物,因此可作为富集手段加以提取并利用,为医药行业提供原料来源。除生物质中的可萃取组分外,溶剂萃取对稳定的纤维素和木质素成分来说萃取效果较差,而对半纤维素有一定的萃取率,如呋喃、呋喃酮和戊环酮等可能源于半纤维素。

溶剂分级萃取可作为生物质的预处理手段,在获取甾族化合物、烷烃和呋喃酮等成分后,这些组分大多不溶于水,而溶于有机溶剂,可有助于后续的降解利用。

5 稻壳和麦秆萃余物的逐级氧化

RHP 和 WSP 经溶剂分级萃取,可使生物质中的易溶组分和可萃取组分分离,获得大量烷烃和甾族化合物,必将在一定程度上改变生物质微观结构与组成。经分级萃取后的 RHP 和 WSP 的残渣 RHPR 和 WSPR 再经 NaOCl 水溶液的逐级氧化,在考察萃取预处理对氧化的影响基础上,进一步了解两种生物质的氧化降解过程以及降解产物分布规律。对 RHPR 和 WSPR 共进行三次氧化。采用溶剂分级萃取对液相产物中有机质分离,并用 FTIR 和 GC/MS 对各级萃取物进行成分分析。

5.1 稻壳和麦秆萃余物的第一级氧化

5.1.1 第一级氧化产物中各级萃取物的 FTIR 分析

如图 5-1 所示,在稻壳萃余物 RHPR 的第一级氧化产物滤液的各级萃取物(RHPRF$_{1-1}$)的 FTIR 分析中,均存在位于 2 929 cm^{-1} 的饱和 C—H 键不对称伸缩振动吸收峰以及 2 850 cm^{-1} 左右的含有 C—C 键结构的振动吸收峰,但较为微弱,表明存在饱和脂肪族化合物。存在位于 1 736 cm^{-1} 附近的 C═O 键伸缩振动吸收峰,表明在各级萃取物中均含有酮、醛或羧酸。1 217 cm^{-1} 附近是烷基芳基醚键中的 C—O—C 伸缩振动吸收峰以及 936 cm^{-1} 附近的 C—H 面内弯曲振动表明萃取物中含有 Ar—O 及苯环结构,即来自于木质素的降解产物。

对 RHPR 第一级氧化产物萃余物酸化后,将滤液进一步分级萃取,对各级萃取物(RHPRF$_{1-2}$)进行 FTIR 分析,如图 5-2 所示。图中各吸收峰强度比 RHPRF$_{1-1}$ 加强,如位于 2 929 cm^{-1} 的饱和 C—H 键不对称伸缩振动吸收峰、2 850 cm^{-1} 左右的含有 C—C 键结构的振动吸收峰以及位于 1 736 cm^{-1} 附近的 C═O 特征吸收峰。这表明萃取物中饱和脂肪族化合物含量增加,酮、醛或羧酸的含量亦有所增加。EA 萃取物(MEE$_{1-2}$)在 3 412 cm^{-1} 附近具有强烈的吸收,该处为 O—H 伸缩振动吸收峰,这表明含有大量的醇类、酚类和羧酸等化合物;在位于 936 cm^{-1} 处的 C—H 面内弯曲振动明显增强,这表明该萃取物中富集含苯化合物。

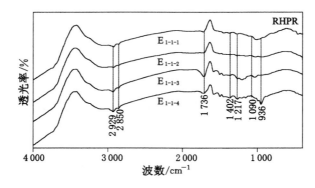

图 5-1　RHPRF$_{1-1}$ 中各级萃取物的 FTIR 分析

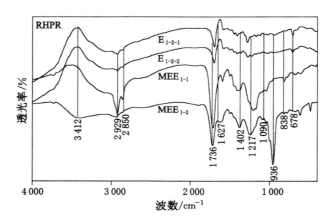

图 5-2　RHPRF$_{1-2}$ 中各级萃取物的 FTIR 分析

麦秆萃余物 WSPR 的第一级氧化产物滤液的各级萃取物（WSPRF$_{1-1}$）的 FTIR 分析如图 5-3 所示，均存在位于 2 929 cm^{-1} 的饱和 C—H 键不对称伸缩振动吸收峰以及 2 850 cm^{-1} 左右的含有 C—C 键结构的振动吸收峰，这表明存在饱和脂肪族化合物。EE 和 EA 萃取物（E$_{1-1-3}$ 和 E$_{1-1-4}$）位于 1 736 cm^{-1} 附近的 C =O 键伸缩振动吸收峰均较强，表明在各级萃取物中均含有酮、醛或羧酸。EE 萃取物中在 1 217 cm^{-1} 附近是 C—O—C 伸缩振动吸收峰，表明 E$_{1-1-3}$ 中含有烷基芳基醚键化合物。EA 萃取物在 936 cm^{-1} 附近的 C—H 面内弯曲振动吸收峰有较强吸收，表明萃取物中含有苯环结构化合物，即可能来自于木质素的降解产物。

WSPR 第一级氧化产物萃余物经酸化后，将滤液进一步分级萃取，对各级萃取物（WSPRF$_{1-2}$）进行 FTIR 分析，如图 5-4 所示。图中各吸收峰强度比 WSPRF$_{1-1}$ 加强，如位于 3 412 cm^{-1} 附近的 O—H 键伸缩振动吸收峰，表明存在

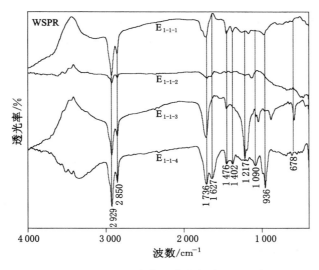

图 5-3 WSPRF$_{1-1}$ 中各级萃取物的 FTIR 分析

大量的醇、酚或羧酸类化合物。位于 2 929 cm^{-1} 的饱和 C—H 键不对称伸缩振动吸收峰以及位于 2 850 cm^{-1} 左右的含有 C—C 键结构的振动吸收峰表明饱和脂肪族化合物的存在。萃取物 MEE$_{1-1}$ 和 MEE$_{1-2}$ 位于 1 736 cm^{-1} 附近的 C═O 特征吸收峰吸收较为明显,表明萃取物中酮、醛或羧酸的含量较高。CS$_2$ 萃取物 E$_{1-2-2}$ 在位于 1 627 cm^{-1} 附近有吸收,该处为 C═C 不饱和键或与芳环相连的 C—O 键特征吸收区域,因此表明该萃取物中含有典型木质素降解成分。

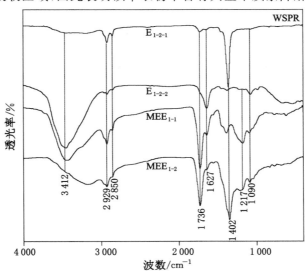

图 5-4 WSPRF$_{1-2}$ 中各级萃取物的 FTIR 分析

5.1.2 第一级氧化产物中各萃取物的 GC/MS 分析

用 GC/MS 对 RHPRF$_{1-1}$ 的各级萃取物进行成分分析,所得总离子流色谱图(TICs,如图 5-5 所示)显示了其化合物组成,所检测到的化合物名称列于表 5-1 中。

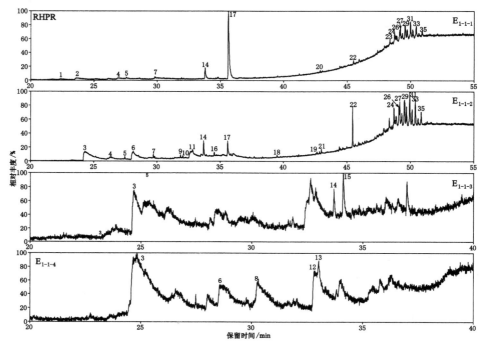

图 5-5 RHPRF$_{1-1}$ 各级萃取物的总离子流色谱图

表 5-1 **RHPRF$_{1-1}$ 各级萃取物中检测到的有机化合物**

峰号	化合物	E$_{1-1-1}$	E$_{1-1-2}$	E$_{1-1-3}$	E$_{1-1-4}$
烷烃					
5	十六碳烷	√	√		
7	十七碳烷	√	√		
9	十八碳烷			√	
10	十九碳烷			√	
18	二十碳烷			√	
20	二十一碳烷	√			
芳烃					
12	1-甲基芘				√

峰号	化合物	E_{1-1-1}	E_{1-1-2}	E_{1-1-3}	E_{1-1-4}
酚/氯代酚					
2	2,4,6-三氯苯酚	√			
4	3,6-二氯-2-甲氧基苯酚	√	√		
醛类化合物					
3	4-羟基-3-甲氧基苯甲醛		√	√	√
6	3-氯-4-羟基-5-甲氧基苯甲醛		√		√
酮类化合物					
1	1,1,3,3-四氯丙烷-2-酮	√			
有机酸					
8	4-氨基-2-氯苯甲酸				√
13	3-(3,4-二氯苯基)败脂酸				√
15	6-氯-2-(噻吩-2-基)喹啉-4-羧酸			√	
21	二(2-乙基己基)己二酸		√		
22	2-((2-乙基己氧基)羰基)苯甲酸	√	√		
酯类化合物					
14	邻苯二甲酸二异丁酯	√	√	√	
16	棕榈酸甲酯		√		
17	邻苯二甲酸二丁酯	√	√		
19	甲基-7-异丙基-1,4a-二甲基-1,2,3,4,4a,9,10,10a-八氢菲-1-羧酸酯		√		
23	邻苯二甲酸戊基辛烷-4-基酯	√			
24	邻苯二甲酸-2-乙基己基-4-甲代戊基酯	√	√		
25	邻苯二甲酸-二(7-甲基辛基)酯	√	√		
26	邻苯二甲酸辛基异辛基酯	√	√		
27	邻苯二甲酸庚基辛基酯	√	√		
28	邻苯二甲酸二辛酯	√			
29	邻苯二甲酸壬基辛基酯	√	√		
30	邻苯二甲酸壬基环己基酯	√	√		
31	邻苯二甲酸壬基异壬基酯	√	√		
32	邻苯二甲酸二壬酯	√	√		
33	邻苯二甲酸癸基异壬基酯	√	√		
34	邻苯二甲酸二癸酯		√		

峰号	化合物	E_{1-1-1}	E_{1-1-2}	E_{1-1-3}	E_{1-1-4}
35	邻苯二甲酸十二烷基壬基酯	√	√		
其他化合物					
11	3,5-二氯-4-甲氧基联苯基		√		

在 RHPRF$_{1-1}$ 的各级萃取物中共检测到 35 种有机化合物（表 5-1），包括 6 种烷烃、1 种芳烃、2 种酚类、2 种醛类、1 种酮类、5 种有机酸、17 种酯类及 1 种其他化合物，其中包含 7 种含氯的有机化合物。

在所检测到的烷烃全部为正构烷烃（$C_{16} \sim C_{21}$），可能源自稻壳蜡质的降解。只在 EA 萃取物中检测到 1 种稠环芳烃，即 1-甲基芘（12）。2 种酚类化合物均为氯取代酚，表明酚类化合物在苯环的碳位上易于 NaOCl 发生取代反应。所检测到的 2 种醛类也均为羟基和甲氧基取代的苯甲醛，是典型的木质素结构单元，可能来自于木质素的降解产物。这表明 NaOCl 水溶液对木质素的氧化降解是有效的，在与苯环相连的烷基（多为 C$_\alpha$ 原子）上发生氧化反应，而在苯环上发生氯取代反应。所检测到的 5 种有机酸中，包括 2 种苯甲酸（8 和 22）、1 种含氯烯酸（13）、1 种含氮硫羧酸（15）和二（2-乙基己基）己二酸（21）。

在 PE 和 CS$_2$ 萃取物中检测到的酯类化合物多为邻苯二甲酸酯，它是由苯环与长链脂肪酸或邻苯二甲酸与长链烷烃组成，因此可以推断这些酯类可能是稻壳生物质中木质素与蜡质层的连接结构。棕榈酸甲酯可能是脂质氧化反应降解的产物。3,5-二氯-4-甲氧基联苯（11）可能是木质素中新的连接结构类型。

由表 5-1 所列出的各类化合物及其含量，可计算出稻壳萃余物氧化降解产物滤液 RHPRF$_{1-1}$ 中各类物质在各萃取物中的绝对含量（相对于氧化产物无灰干基质量），如图 5-6 所示。在 RHP 萃余物的第一级氧化产物的各级萃取物 RHPRF$_{1-1}$ 中，醛类化合物总含量最高，达到 3.3 mg/g；其次为酯类化合物、有机酸和酚类化合物，总含量分别为 1.9 mg/g、1.0 mg/g 和 0.85 mg/g。CS$_2$ 对醛类、酯类和有机酸均有较好的萃取效率。

RHPF$_{1-1}$ 各级萃取物中各类物质与 RHPRF$_{1-1}$ 相比较，而前者主要成分为酯类化合物，且含量很高，其中邻苯二甲酸酯类化合物所占比例最大，醛类和有机酸化合物次之。在后者萃取物中所检测到的化合物种类明显减少，含量均有所降低，原因是生成了大量极性较大或水溶性较强，而未在各级萃取物中检测到的物质。因此，可以推断：溶剂分级萃取预处理可能改变 RHP 的微观结构，从而增强其在 NaOCl 水溶液中的降解效率，甚至有可能改变反应途径。

RHPR 第一级氧化产物的萃余物经酸化、过滤后，所得滤液 RHPRF$_{1-2}$ 进行

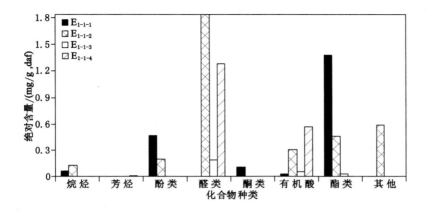

图 5-6 各类化合物在 RHPRF$_{1-1}$ 各级萃取物中的含量

分级萃取,再对 EE 和 EA 萃取物进行重氮甲烷酯化反应,所得各级萃取物 E$_{1-2-1}$、E$_{1-2-2}$、MEE$_{1-1}$ 和 MEE$_{1-2}$并进行 GC/MS 分析,如图 5-7 所示为各级萃取物的总离子流色谱图(TICs),表 5-2 为所检测到的各类有机化合物。

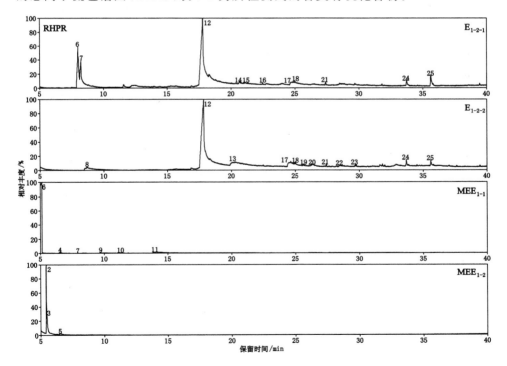

图 5-7 RHPRF$_{1-2}$各级萃取物的总离子流色谱图

表 5-2 RHPRF$_{1-2}$ 各级萃取物中检测到的有机物

峰号	化合物	E$_{1-2-1}$	E$_{1-2-2}$	MEE$_{1-1}$	MEE$_{1-2}$
烷烃					
16	十四碳烷	√			
18	十五碳烷	√	√		
21	十六碳烷	√	√		
23	十七碳烷		√		
芳烃					
5	甲苯			√	
14	1-甲基萘	√			
15	2-甲基萘	√			
醇类化合物					
10	1,1,1-三氯-2-甲基丙烷-2-醇				√
酮类化合物					
8	4-羟基-4-甲基戊烷-2-酮		√		
醛类化合物					
17	3-羟基-4-甲氧基苯甲醛	√	√		
22	2-氯-3-羟基-4-甲氧基苯甲醛		√		
有机酸					
1	乙酸				√
4	异丁酸				√
6	3-甲基丁酸	√			
7	2-甲基丁酸	√			√
9	2-氯乙酸				√
11	2,2-二氯乙酸				√
12	苯甲酸	√	√		
13	2-苯基乙酸		√		
酯类化合物					
3	乙酸丙酯			√	
24	邻苯二甲酸二异丁酯	√	√		
25	邻苯二甲酸二丁酯	√	√		
其他化合物					
2	乙酸乙基丙酸盐			√	
19	对乙氧基甲苯		√		
20	环八硫		√		

在 RHPRF$_{1-2}$ 的各级萃取物中共检测到 25 种有机化合物(表 5-2),包括 4 种烷烃、3 种芳烃、1 种醇类、2 种醛类、1 种酮类、8 种有机酸、3 种酯类及 3 种其他化合物,其中包含 4 种含氯的有机化合物。

在 PE 和 CS$_2$ 萃取物中检测到的烷烃全部为正构烷烃(C$_{14}$~C$_{17}$),其可能源自稻壳蜡质的降解。不同于 RHPRF$_{1-1}$,在 RHPRF$_{1-2}$ 中检测到甲苯(5)和 2 种甲基萘(14 和 15)。在 CS$_2$ 萃取物中检测到的 4-羟基-4-甲基戊烷-2-酮(8)可能是来自半纤维的降解产物。3-羟基-4-甲氧基苯甲醛(17)和 2-氯-3-羟基-4-甲氧基苯甲醛(22)则可能归属于木质素的降解。所检测到的 8 种有机酸中,包括 4 种乙酸(1、9、11 和 13)、1 种苯甲酸(12)和 3 种丁酸(4、6 和 7)。其中,在 MME$_{1-2}$ 中检测到大量的乙酸(酸化并酯化后),表明 RHP 经萃取后,NaOCl 降解的效率明显提高。与 RHPRF$_{1-1}$ 相同,在萃取物中也检测到邻苯二甲酸二丁酯(25)。

由表 5-2 所列出的各类化合物,据其含量可计算出稻壳萃余物氧化降解产物滤液 RHPRF$_{1-2}$ 中各类物质在各萃取物中的绝对含量(相对于氧化产物无灰干基质量),如图 5-8 所示。在 RHPRF$_{1-2}$ 的各级萃取物中,有机酸类化合物总含量最高,约为 30 mg/g,EA、PE 和 CS$_2$ 萃取物中含量较高,其他种类化合物含量均很低。

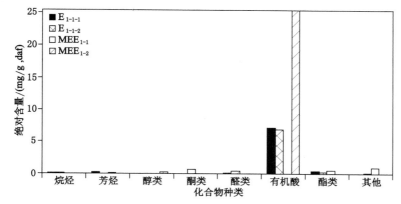

图 5-8 各类化合物在 RHPRF$_{1-2}$ 各级萃取物中的含量

RHPRF$_{1-2}$ 的各级萃取物中各类化合物的分布规律与 RHPF$_{1-2}$ 情况类似。前者萃取物中所检测到的化合物种类较后者减少,含量也均明显降低。这可能是生成了极性较强或水溶性较大化合物,而无法在萃取物中检测到。

同样,对麦秆萃余物进行逐级氧化,用 GC/MS 对 WSPRF$_{1-1}$ 的各级萃取物进行成分分析,所得总离子流色谱图(TICs,见图 5-9)显示了其化合物组成,所检测到的化合物列于表 5-3 中。

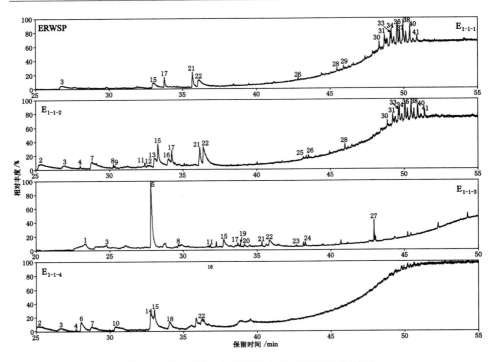

图 5-9　WSPRF₁₋₁各级萃取物的总离子流色谱图

表 5-3　　　　　　WSPRF₁₋₁各级萃取物中检测到的有机物

峰号	化合物	E₁₋₁₋₁	E₁₋₁₋₂	E₁₋₁₋₃	E₁₋₁₋₄
烷烃					
4	十四碳烷		√		√
8	十六碳烷		√	√	
9	2,6,10-三甲基十四碳烷		√		
11	十八碳烷		√	√	
12	2,6,10,14-四甲基十六碳烷		√		
19	十九碳烷			√	
23	2,6,10,15-四甲基十七碳烷			√	
26	二十碳烷	√			
29	二十一碳烷	√			
芳烃					
1	甲苯			√	
14	11H-苯并[a]芴				√

峰号	化合物	E_{1-1-1}	E_{1-1-2}	E_{1-1-3}	E_{1-1-4}
醛类化合物					
2	4-羟基-3-甲氧基苯甲醛		√		√
7	3-氯-4-羟基-5-甲氧基苯甲醛		√		√
酚类化合物					
3	3,6-二氯-2-甲氧基苯酚	√	√	√	
22	4-氯-5-甲基-2-硝基苯酚	√	√	√	√
有机酸					
10	2-氯-6-甲基尼古丁酸				√
13	3-(3,4-二氯苯基)败脂酸		√		
18	4-氨基-5-氯-2-甲氧基苯甲酸				√
20	6-氯-2-(噻吩-2-基)喹啉-4-羧酸			√	
27	二(2-乙基己基)己二酸		√		
28	2-((2-乙基己氧基)羰基)苯甲酸	√	√		
酯类化合物					
5	邻苯二甲酸二乙酯			√	
17	邻苯二甲酸二丁酯	√	√	√	
21	邻苯二甲酸丁基戊基酯	√	√	√	√
24	硬脂酸甲酯			√	
25	甲基-7-异丙基-1,4a-二甲基-1,2,3,4, 4a,9,10,10a-八氢菲-1-羧酸酯		√		
30	邻苯二甲酸龙基辛烷-4-基酯	√	√		
31	邻苯二甲酸-2-乙基己基-4-甲代戊基酯	√	√		
32	邻苯二甲酸-二(7-甲基辛基)酯	√	√		
33	邻苯二甲酸辛基异辛基酯	√	√		
34	邻苯二甲酸庚基辛基酯	√	√		
35	邻苯二甲酸二辛酯	√	√		
36	邻苯二甲酸壬基辛基酯	√	√		
37	邻苯二甲酸壬基异壬基酯	√	√		
38	邻苯二甲酸二壬酯	√	√		
39	邻苯二甲酸癸基异壬基酯	√	√		
40	邻苯二甲酸二癸酯	√	√		
41	邻苯二甲酸十二烷基壬基酯	√	√		
其他化合物					
6	1-氯-2,6-二甲氧基萘				√
15	3,5-二氯-4-甲氧基联苯	√	√	√	√
16	去甲-3-O-甲基肾上腺素		√		

在 WSPRF$_{1\text{-}1}$ 的各级萃取物中共检测到 41 种有机化合物(表 5-3),其中包括 9 种烷烃、2 种芳烃、2 种酚类、2 种醛类、6 种有机酸、17 种酯类及 3 种其他化合物,其中包含 8 种含氯的有机化合物。所检测到的 9 种烷烃(C$_{14}$~C$_{21}$)中包括 6 种正构烷烃和 3 种多甲基取代异构烷烃,其可能源自麦秆蜡质的降解。除甲苯(1)外,11H-苯并[a]芴(14)是在麦秆降解产物中检测到的新的化合物。2 种醛类化合物与 RHPRF$_{1\text{-}1}$ 及 RHPRF$_{1\text{-}2}$ 中所检测到的一致。2 种酚类化合物均为氯取代酚,同时为羟基或甲氧基或硝基取代,在四级萃取物中均被检测到。在 PE 和 CS$_2$ 萃取物中检测到的酯类化合物多为邻苯二甲酸酯,其可能是稻壳生物质中木质素与蜡质层的连接结构。此外,还检测到硬脂酸甲酯(24)和甲基-7-异丙基-1,4a-二甲基-1,2,3,4,4a,9,10,10a-八氢菲-1-羧酸酯(25),后者为重要的地球生物标志物,广泛存在于植物体内,在溶剂萃取过程中也检测到了该物质。其他化合物中包含氯或甲氧基取代的萘(6)和联苯(15),表明了这些物质可能是木质素内的组成结构单元。

由表 5-3 所列出的各类化合物,据其含量可计算出麦秆萃余物氧化降解产物滤液 WSPRF$_{1\text{-}1}$ 中各类物质在各级萃取物中的绝对含量(相对于氧化产物无灰干基质量),如图 5-10 所示。萃取物中各类化合物的含量由高到低依次为:酚类>酯类>醛类>有机酸>芳烃>烷烃。该级萃取物中的化合物含量与分布与 WSPF$_{1\text{-}1}$ 明显不同,这表明溶剂分级萃取预处理可显著提高逐级氧化降解的效率。

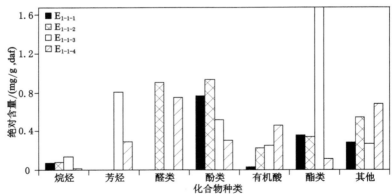

图 5-10　各类化合物在 WSPRF$_{1\text{-}1}$ 各级萃取物中的含量

WSPR 第一级氧化产物的萃余物经酸化、过滤后,对所得滤液 WSPRF$_{1\text{-}2}$ 进行分级萃取,再对 EE 和 EA 萃取物进行重氮甲烷酯化反应,所得各级萃取物 E$_{1\text{-}2\text{-}1}$、E$_{1\text{-}2\text{-}2}$、MEE$_{1\text{-}1}$ 和 MEE$_{1\text{-}2}$ 进行 GC/MS 分析,如图 5-11 所示为各级萃取物的总离子流色谱图(TICs),表 5-4 所列为所检测到的各类有机化合物。

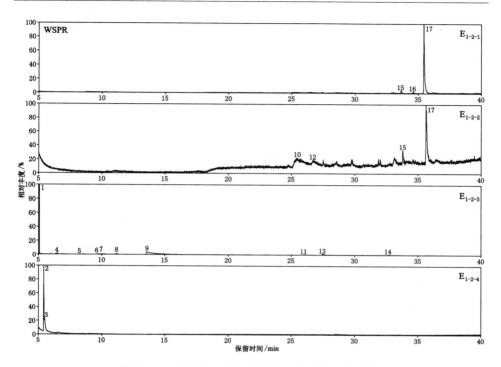

图 5-11　WSPRF$_{1-2}$各级萃取物的总离子流色谱图

表 5-4　　　　　　　**WSPRF$_{1-2}$各级萃取物中检测到的有机物**

峰号	化合物	E$_{1-2-1}$	E$_{1-2-2}$	MEE$_{1-1}$	MEE$_{1-2}$
醇类化合物					
8	1,1,1-三氯-2-甲基丙烷-2-醇			√	
醛类化合物					
10	4-羟基-3-甲氧基苯甲醛		√		
酮类化合物					
6	1,1,3,3-四氯丙烷-2-酮			√	
13	6,7-二甲氧基喹唑啉-2,4(1H,3H)-二酮			√	
酚类化合物					
11	2,4-二氯-6-甲氧基苯酚			√	
有机酸					
1	乙酸			√	
4	异丁酸			√	
5	3-甲基丁酸			√	

峰号	化合物	E_{1-2-1}	E_{1-2-2}	MEE_{1-1}	MEE_{1-2}
7	2-氯乙酸			√	
9	2,2-二氯乙酸			√	
酯类化合物					
2	丙酸乙酯				√
3	乙酸丙酯				√
15	邻苯二甲酸二乙酯	√	√		
16	邻苯二甲酸二异丁酯	√			
17	邻苯二甲酸二丁酯	√	√		
其他化合物					
12	环八硫			√	
14	3,5-二氯-4-甲氧基联苯基			√	

在 WSPRF$_{1-2}$ 的各级萃取物中共检测到 17 种有机化合物（表 5-4），包括 1 种醇类、1 种醛类、2 种酮类、1 种酚类、5 种有机酸、5 种酯类及 2 种其他化合物，其中包含 6 种含氯的有机化合物。MEE$_{1-1}$ 中检测到的化合物种类最多，有 10 种。但其中大部分化合物与 RHPRF$_{1-2}$ 中类似，不再赘述。

由表 5-4 所列出的各类化合物，据其含量可计算出麦秆萃余物氧化降解产物滤液 WSPRF$_{1-2}$ 中各类物质在各萃取物中的绝对含量（相对于氧化产物无灰干基质量），如图 5-12 所示。在 WSPRF$_{1-2}$ 各类物质中有机酸含量最高，达 41.1 mg/g，主要为乙酸和 2,2-二氯乙酸（9），主要存在于 MEE$_{1-1}$ 萃取物中。WSPRF$_{1-2}$ 中各类物质分布情况与 WSPF$_{1-2}$ 类似，均是有机酸含量最高。实验结果表明溶剂分级萃取可能改变生物质微观结构组成，对 WSPR 的降解效率也有很大影响，产物在萃取物中分配较差而无法采用 GC/MS 分析。

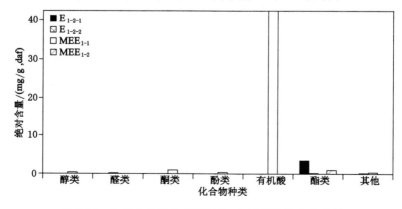

图 5-12　各类化合物在 WSPRF$_{1-2}$ 各级萃取物中的含量

5.2 稻壳和麦秆萃余物的第二级氧化

将 RHPR 和 WSPR 第一级氧化所得残渣按照图 2-4 所示进行第二级氧化，由于氧化产物中除乙酸外，未检测到其他化合物，故给出 $RHPRF_{2-2}$ 和 $WSPRF_{2-2}$ 的各级萃取物的总离子流色谱图，如图 5-13 和图 5-14 所示。

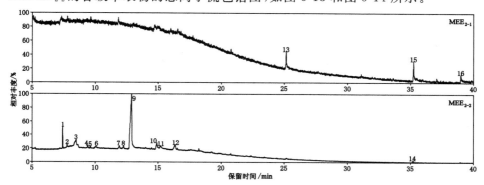

图 5-13　$RHPRF_{2-2}$ 各级萃取物的总离子流色谱图

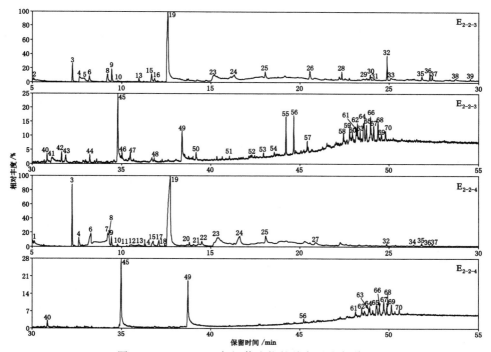

图 5-14　$WSPRF_{2-2}$ 各级萃取物的总离子流色谱图

在 RHPRF$_{2-2}$ 的各级萃取物中共检测到 16 种有机化合物（表 5-5），只含有 9 种有机酸和 7 种酮类化合物，这其中包含 7 种含氯的有机化合物、3 种乙酸（2、4 和 8）、1 种丙酸（3）、2 种丁酸（6 和 10）、1 种苯甲酸（13）和 2 种长链烷酸（15 和 16）。其中，乙酸、丙酸和丁酸及其衍生物可能来自纤维素和半纤维素的氧化降解，苯甲酸可能是木质素的降解产物，而长链烷酸可能是脂质氧化所得。酮类均是在 EA 萃取物中检测到，4 种呋喃酮（5、7、11 和 14）和吡喃酮（12）可能是半纤维素的降解产物。

表 5-5 　　　　　　　　　RHPRF$_{2-2}$ 各级萃取物中检测到的有机物

峰号	化合物	MEE$_{2-1}$	MEE$_{2-2}$	峰号	化合物	MEE$_{2-1}$	MEE$_{2-2}$
	有机酸				酮类化合物		
2	乙酸		√	1	1-氯丙烷-2-酮		√
3	3-羟基丙酸		√	5	3-甲基呋喃-2(5H)-酮		√
4	2-氯乙酸		√	7	3-氯呋喃-2,5-二酮		√
6	异丁酸		√	9	1,1,3-三氯丙烷-2-酮		√
8	2,2-二氯乙酸		√	11	3,4-二氯呋喃-2,5-二酮		√
10	3-甲基丁酸		√	12	2H-吡喃-2,6(3H)-二酮		√
13	3-氯-4-羟基苯甲酸	√		14	二氢呋喃-2,5-二酮		√
15	癸酸		√				
16	十二烷酸	√					

由表 5-5 所列出的各类化合物，据其含量可计算出 RHPRF$_{2-2}$ 中各类物质在各级萃取物中的绝对含量（相对于氧化产物无灰干基质量），其中酮类化合物占主要成分，总含量为 3.66 mg/g，有机酸含量为 1.55 mg/g。在 RHPF$_{2-2}$ 的各级萃取物中，酯类和有机酸含量极高，而在 RHPRF$_{2-2}$ 中仅检测到少量的酮类和有机酸，这表明原料中的大部分有机质已降解为小分子化合物，如呋喃酮及短链脂肪酸。溶剂分级萃取可显著改变生物质后续氧化降解进程。

在 WSPRF$_{2-2}$ 的各级萃取物中共检测到 70 种有机化合物（表 5-6），包括 10 种烷烃、6 种烯烃、1 种醇、1 种酚类、17 种酮类、14 种有机酸、17 种酯类及 4 种其他化合物，其中包含 11 种含氯的有机化合物。

所检测到的烷烃和烯烃（C$_{14}$～C$_{25}$）可能源自稻壳蜡质的降解。检测到 1 种氯代醇（25）、6 种氯代酮、1 种氯代酚和 5 种氯代羧酸，表明脂肪烃基发生了 Cl 原子对 H 原子的取代反应。检测到 7 种呋喃二酮和 1 种吡喃酮，表明维生素与半纤维素易发生呋喃环的氧化反应。

所检测到的羧酸大多为脂肪族羧酸及其取代产物，这些成分主要来源于脂类及纤维素与半纤维素的氧化降解。

酯类化合物中多为邻苯二甲酸酯,可能来源于油脂及木质素成分的降解。

表 5-6 WSPRF$_{2-2}$各级萃取物中检测到的有机物

峰号	化合物	E$_{2-2-3}$	E$_{2-2-4}$
烷烃			
28	十四碳烷	√	
29	十五碳烷	√	
30	2,6,11-三甲基十二碳烷	√	
31	7-甲基十六碳烷	√	
32	十七碳烷	√	√
36	十八碳烷	√	√
39	十九碳烷	√	
42	二十碳烷	√	
47	二十一碳烷	√	
52	二十二碳烷	√	
烯烃			
50	二十碳烯	√	
51	二十一碳烯	√	
53	二十二碳烯	√	
54	二十三碳烯	√	
55	二十四碳烯	√	
57	二十五碳烯	√	
醇类化合物			
25	3,4-二氯戊醇	√	√
酮类化合物			
1	1-氯丙烷-2-酮		√
4	氯丙酮	√	√
7	呋喃-2,5-二酮		√
9	3-氯呋喃-2,5-二酮	√	√
10	3-甲基呋喃-2,5-二酮	√	√
11	1,1,3-三氯丙烷-2-酮		√
13	3,4-二氯呋喃-2,5-二酮	√	√

峰号	化合物	E_{2-2-3}	E_{2-2-4}
14	2H-吡喃-2,6(3H)-二酮		√
15	2,4-戊二酮	√	√
16	3-甲基二氢呋喃-2,5-二酮	√	
18	1,1,3,3-四氯丙烷-2-酮		√
21	N-甲基吡咯烷-2-酮		√
22	1,4-二噁烷-2,5-二酮		√
24	4-羟基二氢呋喃-2(3H)-酮	√	√
26	异苯并呋喃-1,3-二酮	√	
35	6,7-二甲氧基喹唑啉-2,4(1H,3H)-二酮	√	
41	吡咯烷-2-酮	√	
酚类化合物			
48	3,5-二氯苯酚	√	
有机酸			
5	2-羟基乙酸		√
6	2-氯乙酸	√	√
8	2-氯败脂酸	√	√
12	3-羟基丙酸		√
17	2-乙酰氧基乙酸		√
19	2,2-二氯乙酸	√	√
23	2-氯丁酸(2-氯-3-羟基丙酸)	√	√
33	2-氯-4-羟基苯甲酸	√	
34	十二烷酸		√
38	壬烷二酸	√	
40	十四烷酸	√	√
45	棕榈酸	√	√
49	十五烷酸	√	√
56	2-((2-乙基己氧基)羰基)苯甲酸	√	√
酯类化合物			
27	2,2-二氯乙酸甲酯		√
37	邻苯二甲酸二乙酯	√	√
44	邻苯二甲酸二异丁酯	√	
46	邻苯二甲酸二丁酯	√	

峰号	化合物	$E_{2\text{-}2\text{-}3}$	$E_{2\text{-}2\text{-}4}$
58	邻苯二甲酸乙基戊基酯	√	
59	邻苯二甲酸-4-甲代戊基壬基酯	√	√
60	邻苯二甲酸二己酯	√	
61	邻苯二甲酸-5-甲氧基-3-甲基戊烷-2-基壬基酯	√	√
62	邻苯二甲酸-4-甲代戊基十一烷基酯	√	√
63	邻苯二甲酸-二(7-甲基辛基)酯	√	√
64	邻苯二甲酸己基十三烷基酯	√	√
65	邻苯二甲酸-4-甲代戊基十四烷基酯	√	√
66	邻苯二甲酸辛基壬基酯	√	√
67	邻苯二甲酸-3-(2-甲氧基乙基)辛基壬基酯	√	√
68	邻苯二甲酸-异丁基 4-甲代戊基酯	√	√
69	邻苯二甲酸二异癸酯	√	√
70	邻苯二甲酸二癸酯	√	√
其他化合物			
2	环己烯	√	
3	2,2,4-三甲基-1,3-二噁戊环	√	√
20	乙基磺酰乙烷		√
43	1,5-二氯-2,6-二甲氧基萘	√	

在 PE 和 CS_2 萃取物中检测到的酯类化合物多为邻苯二甲酸酯,其是由苯环与长链脂肪酸或邻苯二甲酸与长链烷烃组成,因此可以推断这些酯类可能是稻壳生物质中木质素与蜡质层的连接结构。棕榈酸甲酯可能是脂质氧化反应降解的产物。

由表 5-6 所列出的各类化合物,据其含量可计算出 $WSPRF_{2\text{-}2}$ 中各类物质在各级萃取物中的绝对含量(相对于氧化产物无灰干基质量),如图 5-15 所示。在 $WSPRF_{2\text{-}2}$ 的萃取物中,有机酸含量最高,达到 100.2 mg/g,其次为酮类、酯类和烷烃,含量分别约为 28.9 mg/g、13.9 mg/g 和 5.13 mg/g。$WSPRF_{2\text{-}2}$ 与 $WSPF_{2\text{-}2}$ 中各类化合物分布相同,后者也是有机酸占主要成分,酯类化合物和烷烃次之。但含量较后者高。

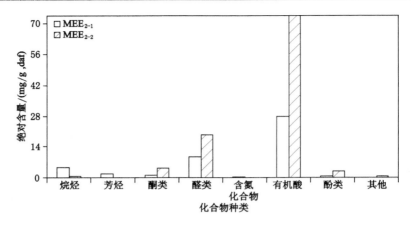

图 5-15　各类化合物在 WSPRF$_{2-2}$各级萃取物中的含量

5.3　稻壳和麦秆萃余物的各级氧化降解失重率

如图 5-16 所示为 RHPR 和 WSPR 在各级氧化过程中降解失重率。随着 RHPR 和 WSPR 的逐级氧化降解,有机质成分逐渐降解为小分子化合物进入液相中,剩余固体残渣质量逐渐减少,经三级氧化降解后,两者残留量分别约为 18％和 4％。

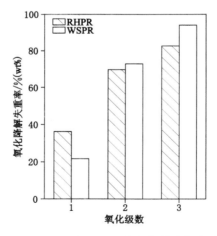

图 5-16　RHPR 和 WSPR 各级氧化降解失重率

经第一级氧化,RHPR 约有 37％的有机质被降解,而 WSPR 仅有约 22％;然而第二级氧化降解对于二者的总失重率均有较大幅度提高,分别达到 69％和 72％;第三级氧化中,由于有机质已大部分降解,残渣质量趋于稳定,与之对应的是液相产物中所检测到的化合物种类与含量均大幅减少,可认为两种生物质中的可降解组分已基本降解进入液相产物中。这与 RHP 和 WSP 最终的氧化残渣含量非常接近。从两种生物质的组成上看,最终降解残渣可能为硅的氧化物。

5.4 小 结

RHP 和 WSP 经溶剂萃取后,难溶于水的甾族化合物和烷烃等得以萃取分离,避免其对稻壳和麦秆在 NaOCl 水溶液中的氧化降解的抑制作用;与稻壳和麦秆本身相比,RHPR 和 WSPR 在 NaOCl 水溶液中更容易被氧化降解,产物的组成更简单,效率得以提高,氧化进行更为彻底,甚至改变了反应途径,形成极性强或水溶性较大的化合物,而无法在各级萃取物中被检测到。在所得萃余物分析中,FTIR 分析表明萃取物中所含主要化学成分相似,GC/MS 分析表明各级萃取物中所得化合物种类分布也相近;然而产物总体种类和含量与 RHP 和 WSP 逐级氧化萃取物中相比则明显不同。

RHPR 和 WSPR 的逐级氧化产物中,第一级氧化降解质量失重率较高,且生成大量含苯化合物,表明木质素在逐级氧化初级阶段便开始降解,这不同于 RHP 和 WSP 的逐级氧化。降解产物中有机酸占绝大部分,其中主要为乙酸和丙酸等短链脂肪酸;其次,酮类化合物的含量也较高,主要来自纤维素和半纤维素的降解。在萃取物中检测到的烷烃较 RHP 和 WSP 氧化产物中少,且链长缩短。

因甾族化合物和烷烃等都难溶于水,可能抑制稻壳和麦秆在 NaOCl 水溶液中的氧化降解;而 RHP 和 WSP 经溶剂分级萃取后,可将这些组分萃取分离,改变了生物质微观结构。通过分级萃取后续的逐级氧化既可以使稻壳和麦秆有效降解,又有助于深入了解稻壳和麦秆中有机质的组成结构。

6 稻壳和麦秆及其萃余物的各级氧化残渣分析

RHP 和 WSP 及其萃余物的各级氧化残渣,即两种生物质及其萃余物在氧化后所得的固体产物。逐级氧化的液相产物已经进行了详细的分析与表征,而为了更充分了解 RHP 和 WSP 及其萃余物在各级氧化前后固相化学组成与微观结构的完整信息,为 NaOCl 水溶液对生物质逐级氧化降解的有效性及氧化降解机理提供必要补充和数据支持,也有助于提出合理的残渣处理方法。如图2-2所示的各级氧化反应所得固体残渣,经洗涤、干燥后,分别采用元素分析、FTIR、SEM 和 X 射线能量色散谱(EDS)等手段对 RHP 和 WSP 及其萃余物在各级氧化前后的化学成分和形貌进行了系统分析。

6.1 稻壳和麦秆及其萃余物的氧化残渣元素分析

为考察各级氧化残渣的化学组成进而反馈 NaOCl 水溶液对两种生物质的氧化降解的层次性,对 RHP、RHPR、WSP 和 WSPR 及其逐级氧化残渣进行元素分析,列于表 6-1 中。

表 6-1　RHP 和 WSP 及其萃余物的各级氧化残渣的元素分析

名称	元素分析(wt %, daf)					H/C
	C	H	N	S	O_{diff}	
RHP	38.91	5.56	0.49	0.17	54.87	0.142 9
RHPZ-1	33.72	5.03	0.08	0.04	61.13	0.149 2
RHPZ-2	23.64	4.06	0.05	0.06	72.19	0.171 6
RHPZ-3	13.65	2.67	0.05	0.04	83.60	0.195 5
RHPR	39.67	5.69	0.30	0.10	61.13	0.143 5
RHPRZ-1	32.27	4.91	0.07	0.07	62.68	0.152 2
RHPRZ-2	18.08	3.33	0.04	0.03	78.52	0.184 5
RHPRZ-3	2.63	1.55	0.13	0.01	95.69	0.589 5
WSP	43.27	6.12	0.28	0.20	50.13	0.141 4

名称	元素分析(wt %, daf)					H/C
	C	H	N	S	O_{diff}	
WSPZ-1	47.90	6.91	0.10	0.07	45.02	0.144 2
WSPZ-2	36.19	5.78	0.03	0.04	57.96	0.159 6
WSPZ-3	29.90	4.71	0.06	0.04	65.28	0.157 6
WSPR	44.48	6.18	0.20	0.18	48.97	0.138 8
WSPRZ-1	38.81	6.00	0.05	0.06	55.08	0.154 7
WSPRZ-2	32.07	5.21	0.04	0.04	62.64	0.162 4
WSPRZ-3	7.10	1.93	0.12	0.01	90.84	0.271 3

diff:by difference,示差法.

由于 C 和 O 是相对含量(含氧量由示差法得到)最高的两种元素,各级残渣中含量变化也最大。RHP 及各级氧化残渣(RHPZ-1、RHPZ-2 和 RHPZ-3)中 C、H、N 和 S 元素相对含量均明显降低,其中含碳量减少到约为原来的 1/3;而含氧量由 54.87% 提高到 83.60%;同时 H/C 逐渐升高。RHPR 及各级氧化残渣(RHPRZ-1、RHPRZ-2 和 RHPRZ-3)中 C、H、N 和 S 元素相对含量也全面明显降低,其中含 C 量由 39.67% 降低到只有 2.63%,含氢量降低到 1.55%,约为原来的 1/4;而含氧量由 61.13% 提高到 95.69%;由含碳量的显著降低导致 H/C 逐渐升高,最终 H/C 在 RHPRZ-3 达到 0.589 5。WSP 及各级氧化残渣(WSPZ-1、WSPZ-2 和 WSPZ-3)中 C、H、N 和 S 元素相对含量变化幅度较小,H/C 变化也不大。WSPR 及各级氧化残渣(WSPRZ-1、WSPRZ-2 和 WSPRZ-3)中 C、H、N 和 S 元素相对含量均明显降低,其中含碳量减少到 7.1%,含氢量减少到只有 1.93%;而含氧量由 48.97% 提高到 90.84%;H/C 提高近一倍。

从整体上看,各个氧化反应初始原料(RHP、RHPR、WSP 和 WSPR)及相应各级氧化残渣的元素含量以及 H/C 的变化趋势是一致的,即 C、H、N 和 S 元素含量逐渐降低,而 H/C 逐渐升高。而萃余物残渣(RHPR 和 WSPR)经逐级氧化过程的元素含量变化幅度比未经分级萃取原料大得多,且最终的残渣中含 C、H 和 S 量更低,而导致 H/C 升高。这表明生物质先经分级萃取后,再进行氧化降解,可在获取较完整的甾族或烷烃化合物基础上,获取更多的氧化降解产生的低含氧量的有机质。

综上所述,在 NaOCl 的逐级氧化过程中,由于生物质中 H/C 值较低而含氧量也相对较低的小分子从生物质中降解分离,因此氧化产物的液相中含有大量此类化合物。相应地,残渣中有机质含量低,含氧和杂质量较高,基本无开发使用价值。NaOCl 水溶液对生物质的氧化降解是有效手段,大部分有机质均进入到氧化产物中;而逐级氧化不但可提高氧化降解效率,还可为氧化机理的提出以及生物质组成结构研究提供基础数据。

6.2 RHP 和 WSP 及其萃余物的各级氧化残渣的 FTIR 分析

RHP 及其各级氧化残渣(RHPZ-1、RHPZ-2 和 RHPZ-3)的 FTIR 谱图特征相似,差别不大,如图 6-1 所示。位于 3 200～3 600 cm^{-1} 范围内为分子间氢键 O—H 伸缩振动吸收峰,表明各级氧化残渣中均存在醇类、酚类或羧酸化合物,可能存在—OH 缔合的现象。从 RHP 的化学组成推断,则可能含有 Si—OH。亚甲基的对称伸缩振动位于 2 850 cm^{-1} 处,吸收峰强度随着氧化级数的增加而降低,说明各级氧化残渣中的饱和 C—H 逐渐减少。1 627 cm^{-1} 附近为芳环的 C=C 键及芳基醚键伸缩振动以及 838 cm^{-1} 处为 C—C—C 键的面内弯曲振动,表明残渣中含有芳环结构。另外,在 1 000～1 200 cm^{-1} 范围内存在较宽且强的吸收带,为 Si—O—Si 的反对称伸缩振动特征吸收峰,表明残渣中存在硅氧化合物或有机硅。470 cm^{-1} 处为无机矿物质吸收峰,表明残渣中除存在少量的有机质外,还存在大量的无机矿物质。

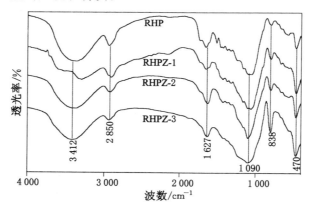

图 6-1 RHP 及其各级氧化残渣的 FTIR 分析谱图

RHPR 及其各级氧化残渣(RHPRZ-1、RHPRZ-2 和 RHPRZ-3)的 FTIR 谱图(图 6-2)与图 6-1 中吸收峰的分布一致,但强度有所差别。位于 3 200～3 600 cm^{-1} 范围内为分子间氢键 O—H 伸缩振动吸收峰,表明各级氧化残渣中均存在醇类、酚类或羧酸化合物,并可能存在—OH 缔合的现象。RHPRZ-3 在该处的吸收峰不明显,表明有机质中—OH 含量降低,这从侧面反映了该残渣中 C 和 H 的含量很低,与表 6-1 中元素分析结果一致。2 850 cm^{-1} 处为甲基和亚甲基的对称伸缩振动区域,吸收峰强度随着氧化级数的增加而降低,说明各级氧化残渣中的饱和C—H逐渐减少;RHPRZ-3在该处没有吸收峰,表明该残渣中不含饱和C—H,也可能是残渣中有机质含量极少,与元素分析结果相一致。位于1 627 cm^{-1}附近为芳环的C═C键及芳基醚键伸缩振动以及位于838 cm^{-1}处为C—C—C键的面内弯曲振动,表明残渣中含有芳环结构。1 090 cm^{-1}附近有较强的C—O—C不对称伸缩振动吸收峰,说明残渣中还存在含醚键化合物;另外,在1 000～1 200 cm^{-1}范围内存在较宽且强的吸收带且逐渐增强,为Si—O—Si的反对称伸缩振动特征吸收峰,表明残渣中存在硅氧化合物或有机硅。470 cm^{-1}处为矿物质吸收峰,表明残渣中除含有少量的有机质外,还存在大量的矿物质。

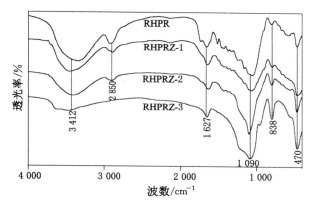

图6-2　RHP萃余物RHPR及其各级氧化残渣的FTIR分析谱图

　　WSP及其各级氧化残渣(WSPZ-1、WSPZ-2和WSPZ-3)的FTIR谱图(图6-3)较图6-1和图6-2中吸收峰丰富。位于3 200～3 600 cm^{-1}范围内为分子间氢键O—H伸缩振动吸收峰,并可能存在—OH缔合的现象。位于2 929 cm^{-1}处为饱和C—H键伸缩振动区域,吸收峰强度逐渐降低,表明氧化残渣中纤维素或半纤维素残留越来越少。WSP中位于1 736 cm^{-1}处为C═O键的伸缩振动吸收峰,表明含有羧基或酯基结构;而在其他残渣中未发现,表明该类基团已经被氧化降解进入液相。这与GC/MS分析结果一致,即液相产物萃取物中含有大量羧酸和酯类化合物。位于1 627 cm^{-1}附近为芳环的C═C键及芳基醚键伸缩振动以及位于838 cm^{-1}处为C—C—C键的面内弯曲振动,表明残渣中含有芳环结构。在1 000～1 200 cm^{-1}范围内吸收带为Si—O—Si的反对称伸缩振动特征吸收峰,表明残渣中存在硅氧化合物或有机硅。470 cm^{-1}处为矿物质吸收峰,表明残渣中存在少量矿物质。

　　如图6-4所示为WSPR及其各级氧化残渣(WSPRZ-1、WSPRZ-2和

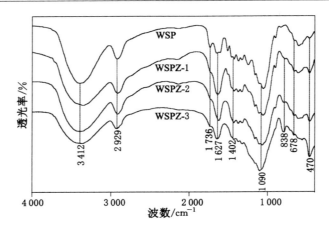

图 6-3　WSP 及其各级氧化残渣的 FTIR 分析谱图

WSPRZ-3)的 FTIR 谱图。位于 3 413 cm^{-1} 处为游离的—OH 伸缩振动吸收峰，表明各残渣中存在醇、酚或羧酸类基团。位于 3 200～3 600 cm^{-1} 处为缔合的 O—H 键伸缩振动吸收峰，吸收较强。位于 2 850 cm^{-1} 处为甲基和亚甲基的对称伸缩振动区域，峰强度随着氧化级数的增加而降低，说明各级氧化残渣中的饱和 C—H 逐渐减少。同 WSP 类似，WSPR 中位于 1 736 cm^{-1} 处为 C=O 键的伸缩振动吸收峰，表明含有羧基或酯基结构；其他残渣中未发现，表明该类基团已经被氧化降解进入液相。这与 GC/MS 分析结果一致，即液相产物萃取物中含有大量羧酸和酯类化合物。在残渣 WSPRZ-3 中位于 1 627 cm^{-1} 附近有强烈尖锐的吸收峰，该处为芳环的 C=C 键及芳基醚键伸缩振动以及位于 838 cm^{-1} 处为 C—C—C 键的面内弯曲振动，表明残渣中含有芳环结构。位于 1 090 cm^{-1} 附近有较强的 C—O—C 不对称伸缩振动吸收峰，说明残渣中还存在含醚键化合

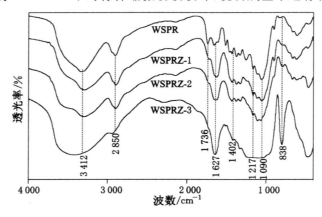

图 6-4　WSP 萃余物 WSPR 及其各级氧化残渣的 FTIR 分析谱图

物;另外,在 $900\sim1\,400\ cm^{-1}$ 范围内有较宽且强的吸收带,并逐渐变宽增强,为 Si—O—Si 的反对称伸缩振动特征吸收峰,表明残渣中存在硅氧化合物或有机硅。

6.3　RHP 和 WSP 各级氧化残渣的 SEM 分析

SEM 分析可获取各级氧化残渣表观结构与形貌信息,有助于了解氧化降解过程对生物质微观结构的影响,如图 6-5 和图 6-6 所示分别为 RHP、RHPR、WSP、WSPR 原料及各级氧化残渣的 SEM 分析。

如图 6-5 所示,RHP 经过溶剂萃取后,在 RHPR 表面不规则分布的可萃取物成分得到分离,即经萃取后,生物质表面变得光滑,易于氧化剂的接触与降解。经过第一级氧化,生物质完整结构遭到破坏,RHPZ-1 和 RHPRZ-1 微观结构能明显观测到植物细胞壁整齐排列的框架结构,由 RHP 的基本化学组成推断,该级氧化将大部分纤维素与半纤维素降解,而残留部分为较难以降解的木质素结构。经过第二级氧化过程,在 RHPZ-2 和 RHPRZ-2 微观结构中发现,绝大部分纤维素、半纤维素和木质素的骨架结构均遭到破坏,看不到明显的细胞结构,残渣中多为残留的矿物质,散乱分布。经过第三级氧化后,有机质降解殆尽,在 RHPZ-3 和 RHPRZ-3 结构中已完全观测不到任何初始结构特征,几乎全部为残留的矿物质。SEM 观测所得结论与 FTIR、GC/MS 和元素分析结果一致。NaOCl 水溶液对 RHP 的逐级氧化降解,可实现有机质成分有效的逐步降解,最终完全降解。

WSP 与 RHP 的表观结构差异较大,但与 RHP 及 RHPR 逐级氧化过程相似,如图 6-6 所示为 WSP 与 WSPR 原料及各级氧化残渣的 SEM 分析。WSP 经过溶剂萃取后,在 WSPR 表面不规则分布的少量可萃取物成分得到分离。经过第一级氧化,WSP 纤维素结构遭到破坏,WSPZ-1 和 WSPRZ-1 微观结构出现结构缺失,但整体完整,该级氧化将大部分纤维素与半纤维素降解。经过第二级氧化过程,在 WSPZ-2 和 WSPRZ-2 的残渣微观结构中发现,生物质结构全面降解,无法观察到完整的细胞结构。经过第三级氧化后,有机质降解殆尽,WSPZ-3 和 WSPRZ-3 结构中几乎全部为残留的矿物质,杂乱分布,尤其是WSPRZ-3 中更为明显。SEM 观测所得结论与 FTIR、GC/MS 和元素分析结果一致。NaOCl 水溶液对 WSP 的逐级氧化降解,可实现有机质成分有效的逐步降解,最终完全降解。

由 SEM 分析结果可知,NaOCl 对各原料的降解是逐级进行的,即首先由纤维素和半纤维素开始降解,醚键断裂,随后为较难以降解的木质素,但最终可实现有机质的全部降解。生物质经溶剂萃取后,不仅可获取部分高附加值的大分子化合物(如甾族化合物等),还可使逐级氧化达到更好的效果,提高氧化降解效

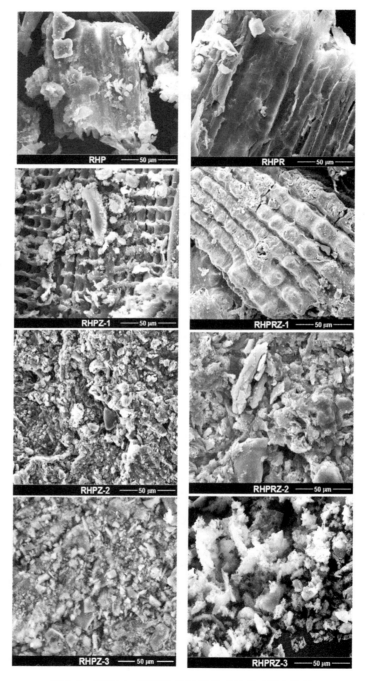

图 6-5　RHP 与 RHPR 各级氧化残渣的 SEM 分析

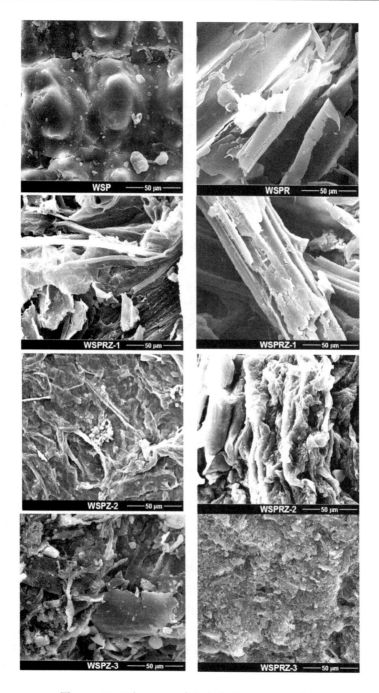

图 6-6 WSP 与 WSPR 各级氧化残渣的 SEM 分析

率,最终残渣中有机质降解更为充分(RHPZ-3 和 WSPRZ-3)。

6.4 RHP 和 WSP 各级氧化残渣的 X 射线能量色散谱分析

  扫描电镜只是对材料表面微区形貌进行观测分析,而 X 射线能量色散谱分析(EDS)能快速对材料表面微区的化学元素(Be-U)进行定性、定量分析。对固体试样进行分析时,常采用二者结合使用(即 SEM-EDS 联用)以提高分析的精确度。

  对生物质 RHP 和 WSP 的各级氧化残渣进行 EDS 表征分析是为了了解难降解成分的元素组成,同时明确生物质原料的逐级氧化降解历程,为 NaOCl 氧化体系反应机理提供佐证。

  图 6-7 为 RHP 及各级氧化残渣的 EDS 谱图。RHP 生物质原料主要含有 C、O 和 Si 三种元素;其次,由于 RHP 经洗涤和晾晒后,表面基本无残存外来元素,故 Na 和 Cl 可能是来自 RHP 内固有的无机化合物。RHPZ-1 中依然主要含有 C、O、Si、Na 和 Cl 五种元素,但 C 和 O 元素含量比降低,表明第一级氧化降解过程大量的有机物被降解分离,这与表 6-1 中元素分析结果一致;检测到的 Ca 元素可能是外来杂质。RHPZ-2 中 Si 为主要元素,C 和 O 显著降低,表明第二级氧化降解过程中有机物继续被降解分离进入液相;其次,依然检测到 Na 和 Cl 元素。RHPZ-3 中基本只含有 Si 和 O 元素,C 元素含量极低,表明残渣中的有机质几乎降解殆尽。由此可表明 RHP 经 NaOCl 三级氧化后,有机质逐步降解直至几乎全部降解,残渣可能为硅氧化合物,与元素分析结果一致。

  RHPR 的逐级氧化过程所形成的各级残渣中元素变化与 RHP 类似,如图 6-8 所示。RHPR 也是主要含有 C、O 和 Si 三种元素,但未检测到 Na 和 Cl。与 RHPZ-1 不同的是,在 RHPRZ-1 中以 Si 和 O 元素为主,C 元素含量已经极低,这与表 6-1 中元素分析结果和图 6-5 中 SEM 测试结果一致。RHPRZ-2 和 RHPRZ-3 与 RHPRZ-1 元素组成和含量基本一致,即主要为 Si 和 O 元素,几乎没有 C 元素。由此可表明 RHP 经溶剂萃取后再进行 NaOCl 逐级氧化,有机质降解效率显著提升。

  WSP 及其各级氧化残渣中的元素较 RHP 复杂,如图 6-9 所示。WSP 中除含有 Si、C 和 O 元素外,还含有 Al、Cl 和 K 元素。WSPZ-1 相比 WSP,C 元素含量显著降低,其他元素无明显变化。逐级氧化过程与 RHP 相似,随着有机质的降解分离,C 元素含量逐渐降低。在 WSPZ-3 中,主要为 Si 元素,C、O、Al、Cl 和 Ca 元素含量都极低,表明 WSP 中的 Si 元素赋存状态可能不同于 RHP。

  WSPR 及各级氧化残渣中元素分布及变化趋势与 WSP 类似,如图 6-10 所示。然而,溶剂萃取作用对 WSPR 的逐级氧化效率影响不大,这与图 6-6 中 SEM 观测结果一致。

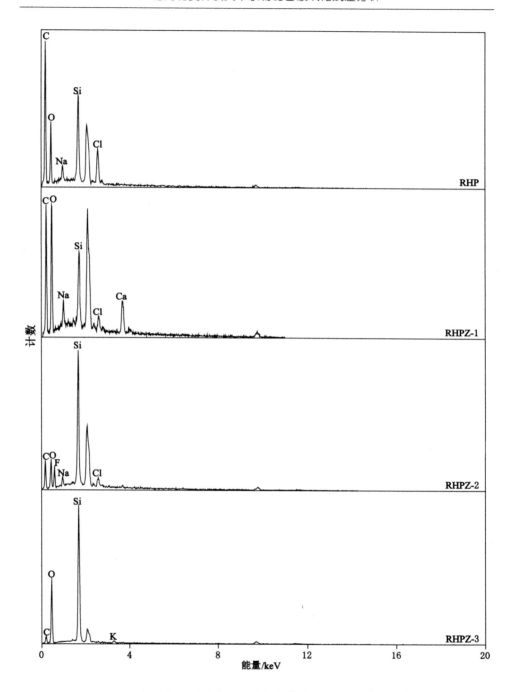

图 6-7 RHP 及其逐级氧化残渣的 EDS 谱图

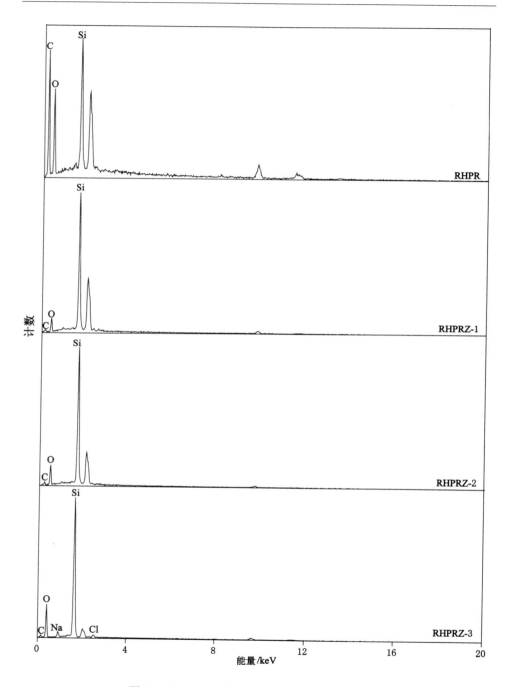

图 6-8　RHPR 及其逐级氧化残渣的 EDS 谱图

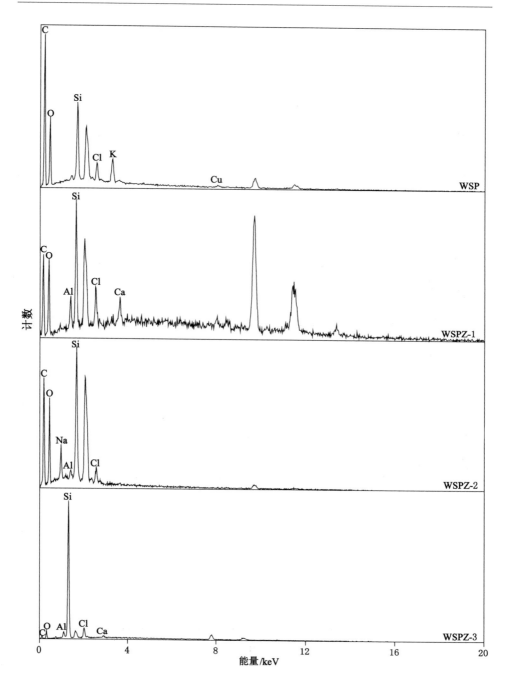

图 6-9　WSP 及其逐级氧化残渣的 EDS 谱图

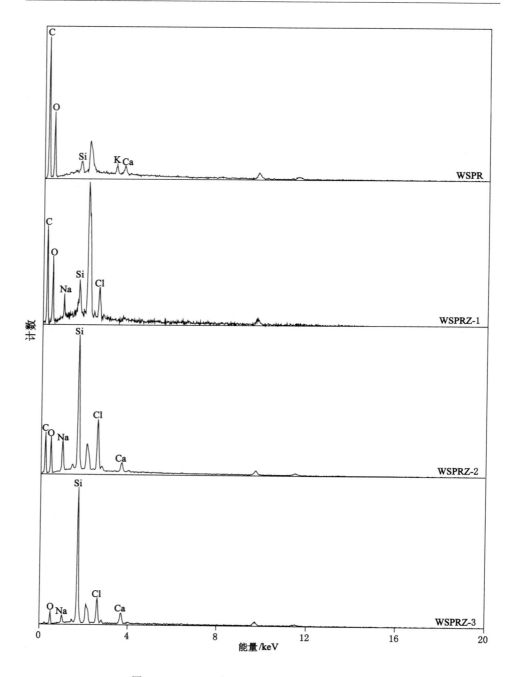

图 6-10　WSPR 及其逐级氧化残渣的 EDS 谱图

6.5 小　　结

本章采用元素分析、FTIR、SEM 和 X 射线能量色散谱（EDS）等手段对 RHP、RHPR、WSP 和 WSPR 及其各级氧化残渣的化学成分和形貌进行了系统地分析与表征。

在元素分析中，从各原料至各级氧化残渣，随着氧化级数的增加，残渣中的 C、H、N 和 S 元素含量均显著降低，H/C 也显著降低；并且，经溶剂萃取后的生物质，在氧化降解过程中，变化幅度更大，更易于氧化降解反应的进行。在 RHPRZ-3 和 WSPRZ-3 中，C 和 H 分别降低到 2.63％ 和 1.55％ 以及 7.10％ 和 1.93％。经过三级 NaOCl 氧化降解，生物质原料中的绝大部分有机质均被降解为小分子化合物进入液相产物中，剩余残渣多为无机矿物质。

通过 FTIR 分析可知，各级氧化残渣中均含有缔合的—OH 和少量饱和 C—H 化合结构，可能为 Si—OH 和 Si—CH₃ 吸收峰；而不含 C =O 键化合物，纤维素和半纤维素结构的吸收峰几乎消失，木质素成分（芳环结构）含量也极低；逐渐出现矿物质结构吸收峰。

SEM 分析较直观地展现了 NaOCl 氧化降解木质素的效果及有机质降解的层次性。在逐级氧化过程中，纤维素和半纤维素首先被降解，随后是构成植物细胞壁骨架结构的木质素，最终这些有机质大多被降解分离，剩余残渣为散乱分布的矿物质。溶剂萃取预处理可促进 NaOCl 对生物质的氧化降解反应，而最终产物中有机物降解更为彻底。

X 射线能量色散分析（EDS）可获取材料表层微区元素化学组成及其含量，进而推测材料表面结构类型。在 RHP、RHPR、WSP 和 WSPR 及各级氧化残渣中，主要存在 Si、C 和 O 元素，还有 Na、Cl、Al、K 和 Ca 等微量无机元素；随着氧化降解的进行和氧化级数的增加，残渣中 C 元素含量显著降低，最终几乎全部消失，这与元素分析结果一致。RHP 及 RHPR 最终的氧化残渣中主要含 Si 和 O 元素，可能以 SiO₂ 的形式存在，而在 WSP 和 WSPR 最终氧化残渣中主要为 Si 元素，O 元素含量极少，故 Si 元素赋存状态不同于前两者。溶剂萃取作用可显著提高逐级氧化的效率，尤其是针对 RHPR 而言，而对于 WSPR 效果不明显，这与元素分析和 SEM 观测结果一致。

对于氧化残渣的系统分析结果，与液相产物的各级萃取物的 GC/MS 和 FTIR 分析结果相对应，且具有一致性，这作为有效补充可有助于全面了解 RHP 和 WSP 的降解过程、生物质结构及氧化降解机理。

7 NaOCl氧化降解机理及
稻壳和麦秆生物质结构

目前,对于生物质资源的利用,多局限于采用生物法或热化学方法将生物质转化为燃料,该方法存在反应过程复杂、不易控制、能耗高、残渣含量高和资源浪费等问题;另外,从化学角度上看,生物质是宝贵的化学资源,可采用温和的降解手段从中获取高附加值化学品。选择低成本、低能耗、选择性良好和效率高的生物质降解方法,将是实现生物质利用和可持续发展的重要途径。因此,揭示生物质分子组成结构和全面掌握NaOCl水溶液氧化降解机理将是首要解决的问题。

NaOCl水溶液以低毒、高效、清洁和价廉等优势,已经广泛用于杀菌和有机废水处理等过程,可有效将水中的有机物和菌类去除。另外,NaOCl的氧化具有选择性,是sp^2和sp^3杂化碳原子的良好选择性氧化剂。近几年,又被用于煤的降解以及煤相关模型化合物的反应研究中,取得了良好的效果,为煤的选择性降解及降解产物的高附加值利用提供了新的渠道。在煤的NaOCl氧化降解研究中,产物主要是苯多酸和氯代烷酸;而对煤的模型化合物的氧化机理研究也均基于烷基苯或稠环芳烃等。将NaOCl氧化用于生物质的降解方法与机理研究,均未见报道。不同于煤,生物质的化学组成主要为纤维素、半纤维素和木质素,三者有机结合、相互交联;尤其是木质素的结构较为复杂,主要结构单元为对羟基丙烷或烷氧基取代物。本课题将应用于煤中的NaOCl氧化降解技术借鉴到RHP和WSP的逐级氧化中,旨在温和的反应条件下实现生物质的高效降解及降解产物的高附加值利用;另外,NaOCl氧化具有选择性,并尽量保留生物质分子原始结构信息,在探索氧化降解反应机理的基础上揭示生物质的组成与分子结构。

在第3~6章已经分别对RHP和WSP的逐级氧化产物、RHP和WSP的分级萃取产物、RHP和WSP萃余物的逐级氧化产物及其各氧化过程残渣进行了详尽地分析表征,获取了RHP和WSP在NaOCl水溶液中氧化降解历程的一般规律。本章基于成分分析及各类产物分布,推测产物来源,用以探讨NaOCl氧化降解生物质的反应机理及揭示生物质分子结构。

7.1 基于 NaOCl 的氧化降解体系

在 NaOCl 水溶液体系中,存在多种氧化活性较高的分子或自由基,如 $O_2^- \cdot$、$Cl \cdot$、$Cl_2^- \cdot$ 和 Cl_2,其转化过程如下[176]:

$$NaOCl \rightleftharpoons Na^+ + {}^-OCl$$
$$2\,{}^-OCl \rightleftharpoons O^- \cdot {}_2 + Cl_2^- \cdot$$
$$Na^+ + Cl_2^- \cdot \rightleftharpoons NaCl + Cl \cdot$$
$$2Cl \cdot \rightleftharpoons Cl_2$$

在 NaOCl 氧化降解反应体系中,可能发生基于活性氧化物的氧化还原反应、基于含 Cl 活性基团的取代反应或者两者同时发生,最终导致生物质中的 C—O 键和 C—C 键断裂降解,而氧化降解产物中的多为含 O 和 Cl 的有机化合物。

7.2 纤维素的 NaOCl 氧化降解机理

纤维素是由 β-D-葡萄糖结构单元通过醚键连接而成的环氧化合物多聚体。从结构上看,要实现纤维素的降解,则必须首先将其 C—O—C 键断裂,该化学键也是较易断裂而降解为低聚糖的;低聚糖再进一步降解为单糖分子,即 β-D-吡喃葡萄糖;实际上,伴随着低聚糖的降解,更多的是某结构单体中由于分子张力作用而导致的开环反应或单糖分子的开环反应,反应主要生成 5-羟甲基糠醛。在 NaOCl 氧化剂存在的条件下,糠醛很快氧化为相应的呋喃酮,或进一步开环反应,而被氧化为己酸、戊酸、丁酸、丙酸或乙酸等小分子化合物。

由第 3~5 章中 RHP 和 WSP 的各级氧化降解产物的萃取物成分分析可知,检测到 RHP 和 WSP 中的纤维素主要降解为短链脂肪醇、脂肪酸、环戊(烯)酮和呋喃(酮)以及它们的氯代、甲氧基或甲基等取代的衍生物。其基本历程为:纤维素大分子在氧化剂作用下醚键断裂,生成低聚糖及单糖分子;单糖分子或低聚糖由分子张力作用下开环生成短链脂肪醇或酸;在氧化剂存在的条件下,可自发成环形成环戊(烯)酮和呋喃(酮)及其衍生物;或继续断裂生成链长更短的脂肪醇或酸;脂肪醇还可继续被氧化,生成相应的脂肪酸;体系中存在 $Cl \cdot$、$Cl_2^- \cdot$ 和 Cl_2 等活性反应物,可发生氯取代反应,生成氯代衍生物。该反应历程的机理如图 7-1 所示。

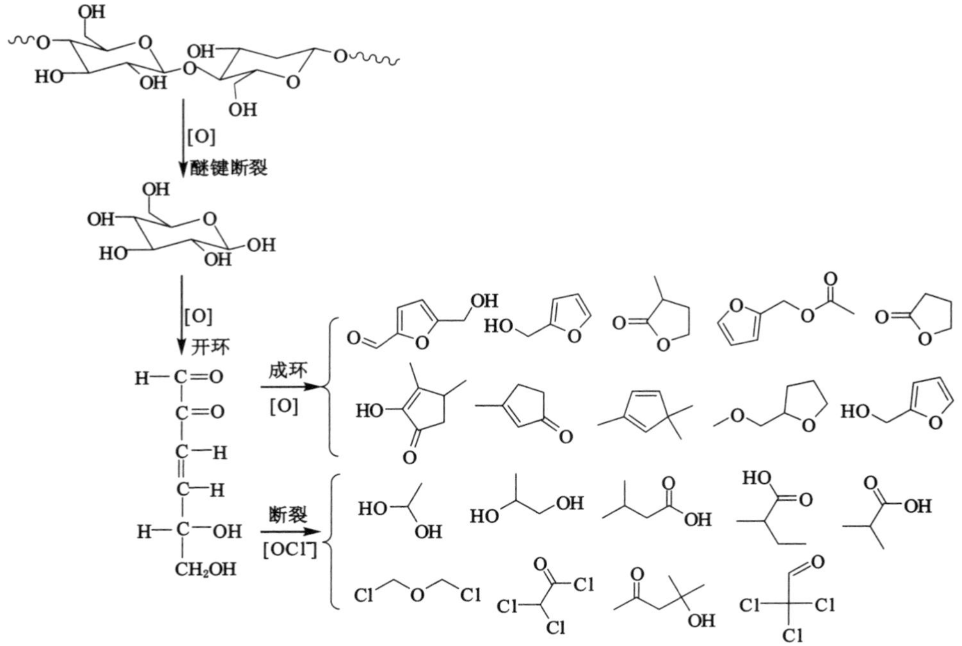

图 7-1　纤维素的 NaOCl 氧化降解机理

7.3　半纤维素的 NaOCl 氧化降解机理

半纤维素并不是由单一的糖单元聚合而成,而是一类复合多聚糖的统称,聚合度也远小于纤维素。这些糖单元主要有 D-木糖、L-阿拉伯糖、甘露糖、乳糖、半乳糖和葡萄糖及其羟基、甲氧基或乙酰基取代的衍生糖类。在组成半纤维素大分子时,常以某 1~3 种糖单元为主链,再辅以几种其他的糖类。

RHP 和 WSP 的半纤维素主要由阿拉伯糖和 D-吡喃木糖以 β-1,4-糖苷键连接形成主链,支链则是由 L-呋喃阿拉伯糖、葡萄糖醛酸和木糖基团等组成,有时还会有甲氧基或乙酰基取代。由于结构的不均一性及聚合度较低,一般半纤维素的降解较纤维素容易,并且在降解过程中,支链基团的化学键首先断裂。

由于基本结构单元的相似性,半纤维素和纤维素的降解产物也具有相似性,可借鉴纤维素的降解机理,如图 7-1 所示。由 RHP 和 WSP 的降解产物各级萃取物的成分分析以及半纤维素的结构特征可以推测,在 NaOCl 氧化降解过程中,半纤维素的主要降解产物有呋喃酮、2,5-二甲基呋喃、丙酸、丁酸、戊酸、己酸、丁二酸、戊二酸、羟基/甲基取代戊酮、环己酮、三氯乙醛、3-丁烯酸、4-戊烯酸和吡喃酮；另外，半纤维素的侧基中可能含氮化合物基团，而吡咯酮和吡啶等也可能是半纤维素降解产物。6-庚基四氢-2H-吡喃-2-酮和 6-十三烷基四氢-2H-吡喃酮，吡喃环侧基为长链烷基，表明这类结构可能是生物质中的固有结构，即半纤维素与 RHP 或 WSP 中蜡质的连接结构；也可能是由蜡质降解过程中形成的链烃自由基与吡喃环的 C_6 活性位发生自由基加成反应而成。

7.4　木质素的 NaOCl 氧化降解机理

木质素是生物质中结构最为复杂的结构，具有无规则三维立体结构，很难采用单一的化学式表示。木质素的三维空间交联结构使植物细胞壁具有足够的强度以保护植物细胞。木质素稳定性较高，自然降解速率缓慢。在生物质利用过程中，如造纸及制备生物燃料等，占生物质总质量约 15%～40% 的木质素大多作为废弃物排掉，或只作为燃料使用，造成了资源的浪费。从化学角度上看，木质素是宝贵的化学资源，含有丰富的芳香族化合物。木质素通过一定的共价键和氢键与纤维素和半纤维素交联在一起。

要充分利用木质素，首先必须了解其组成结构。然而，木质素的结构研究和形成机理是化学界和生物学界的难点问题之一，至今未形成统一和完善的认识。木质素主要由对羟苯基丙烷基（H）、愈创木基丙烷基（G）和紫丁香基丙烷基（S）三种单体通过脱氢聚合，由 C—C 键和 C—O 键等连接无序组合而成，主要的连接方式有 β-O-4、α-O-4、4-O-5、β-β、β-5、5-5′、β-1 和二苯并二氧桥松柏醇，如图 1-5 所示。此外，各单体的 γ-羟基乙酰化基团和阿魏酸酯等也被认为是组成木质素的重要单元。

然而，目前木质素的形成机理和结构特征尚未形成统一的理论体系。木质素的聚合过程，一直以来普遍认为是酚自由基单体先在化学控制通过自由基无序聚合，然后再互相结合形成空间结构，这被认为是一种组合的方式。木质素的聚合过程源自单体的自由基氧化反应，即首先形成酚类的自由基（如由过氧化物酶或漆酶催化的脱氢作用），再经历自由基之间的组合式偶联反应通过共价键结合而形成二聚体。自由基偶联反应以化学组合方式进行，因此产物依赖于单体与反应基质的化学结构和生物质细胞的自身条件。大量的研究结果均表明，木质化过程是由聚合反应本身决定，由化学动力学控制，即受单体的供应、自由基产生能力以及细胞壁附近反应条件的影响。

在渗析管中进行松柏醇与罗布麻酚模型化合物的反应，所得产物中 β-O-4 和 β-5 连接的化合物含量比例高达 10∶1，并且只检测到 β-O-4 的三聚体。然而，在原始的木质素中，两者含量比例仅为 4∶1。这就说明体外反应比在体反应的选择性高很多。所以，某种程度上又可认为并不是完全无序的。试验发现在白杨可形成的线性木质素聚合物中约含有 $13\sim20$ 个单体。这引起木质化理论的争议,因为在内切葡聚糖酶处理过的云杉木粉中分离出线性和三维结构两种不同的木质素大分子,且植物生长过程中遵循一定的模板复制生长规律,甚至类似于蛋白质的复制过程;木质素中芳基醚键的碱法断裂所形成的单体的量相等,而并不依赖于各单体在木质素中的初始组成含量,并发现木质化过程中存在酶催化途径,即引导蛋白。然而,这样的新理论假设也存在一些问题,诸如无法明确阐述这些引导蛋白如何进入木质化区域并发挥作用的机制,无法解释木质素的整体外消旋性和酶反应调控的生物合成过程等。

木质化过程理论的两种假设均提供了各自相应的实验依据,然而都存在一定的局限性。作者认为该理论的统一和建立,需要在体和非破坏性检测技术的发展、精确设计试验、详细阐明木质素单体生物合成后的运输及沉积过程、明确酶催化反应的影响因素和引导蛋白作用机理等,为结论的得出提供全面而直接的证据。

以生物质在温和条件下的降解获取木质素结构与组成信息是很有优势的。单单从木质素的降解反应上看,运用具有氧化选择性的 NaOCl 降解木质素,可提供较为详细的原始组成信息,反应条件温和,产物易于分离提取,是实现木质素结构研究与应用的可行途径。

木质素的 NaOCl 氧化降解机理研究是选取木质素中具有代表性的结构,再结合在各级萃取物中所检测到的化合物以及模型化合物的反应所提出的。基于所检测到的有机化合物类型(第 $3\sim5$ 章各类物质表格中),本研究选择合适的木质素结构单元,进行 NaOCl 氧化降解机理的探讨。如图 7-2 所示为典型的木质素结构单元经 NaOCl 氧化过程。该单元结构包含 α-O-4 连接和羟基芴结构,经NaOCl 氧化先后生成 9-芴酮、2-苯氧基-2-苯基乙醇和氯乙酸。其中 2-苯氧基-2-苯基乙醇还可继续被氧化或 C—O 键断裂,生成相应的醛或酸;而氯乙酸也可继续发生氯取代反应,进而生成二氯乙酸和三氯乙酸。

基于所检测到的化合物类型及分布,总结了木质素降解的一般过程,如图7-3 所示。木质素大分子结构中键能较低的 C—O 键断裂,如 β-O-4 和 α-O-4 连接结构,生成低聚体;低聚体再经类似的氧化降解过程,生成木质素单体及衍生物;单体及其衍生物再经深度氧化生成相应的醛、酮或羧酸,乃至脱羧生成 CO_2 气体。

在各级萃取物中检测到一定量的含氯有机化合物,尤其是小分子醛、羧酸、酚或苯甲酸等,这表明木质素降解过程中,氧化还原反应与氯代反应可能同时进行。NaOCl 具有对 sp^2 和 sp^3 碳原子的氧化选择性,而在氧化产物中检测到多种甲基萘及邻苯二甲酸,即推断上述反应机理,如图 7-4 所示。

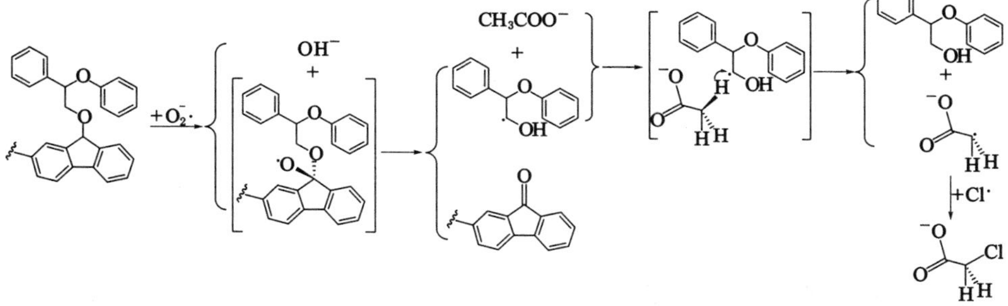

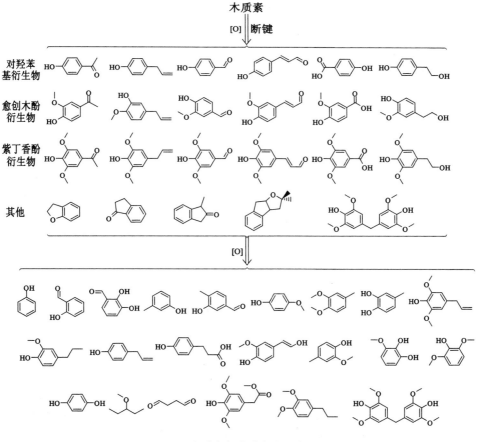

图 7-2   木质素典型结构的 NaOCl 氧化降解机理以及
9-芴酮和 2-苯氧基-2-苯基乙醇的形成

木质素

[O] ↓ 断键

对羟苯
基衍生物

愈创木酚
衍生物

紫丁香酚
衍生物

其他

[O]

图 7-3   木质素氧化降解的一般历程

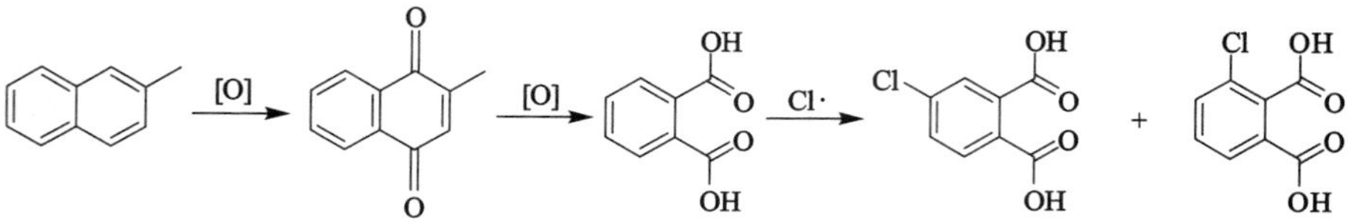

图 7-4　2-甲基萘的 NaOCl 氧化及氯代反应历程

7.5　木质素的分子结构模型

　　根据木质素降解产物的成分分析及各类化合物的分布规律,结合木质素各单体间的连接方式及其在木质素结构中所占比例,可初步描绘出木质素大分子结构模型,如图 7-5 所示为本研究提出的稻壳木质素的可能结构模型[55]。该模型以二苯并二氧桥松伯醇为起点,以三种基本单体在稻壳木质素中所占比例(H：G：S＝2：2：1)及单体间连接方式的分布频率为依据。稻壳木质素中主要的连接方式分布由高到低依次为 β-O-4、β-5、β-β 和二苯并二氧桥松伯醇(5-5′-O-4)。

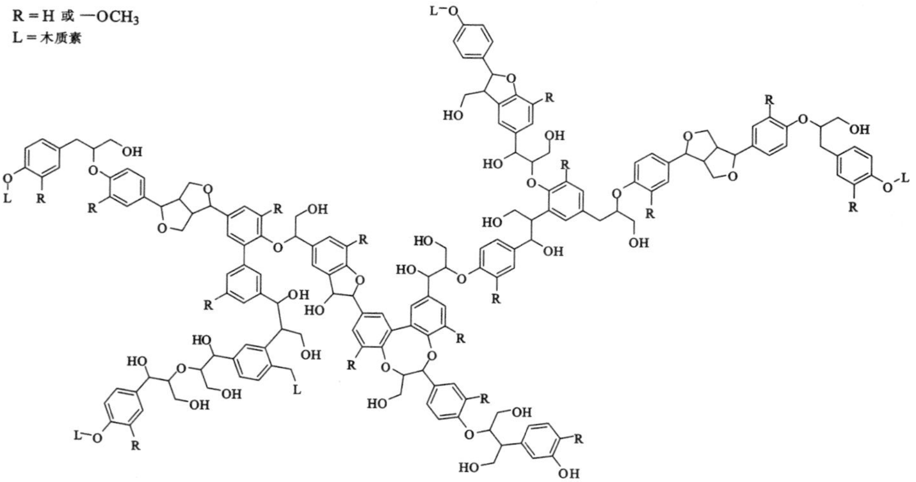

图 7-5　稻壳木质素的结构模型

　　植物中木质素的组成与结构因物种、科属、部位和生长时期等不同而存在差异,甚至所处的自然环境也会影响木质素的组成与结构。由于木质素源自不同的植物体或植物中的不同组织和部位,木质素的分离提取方法的差异以及分析检测手段的针对性等都将影响分析结果,从而导致所推测的木质素结构也有所不同。该模型并非代表了稻壳中木质素的真实结构,而是以稻壳降解产物分析为基础,对各个木质素单体及其组合方式进行的定量描述[55,230]。

7.6　含氮化合物的 NaOCl 氧化机理

在 RHP 和 WSP 氧化过程中,除纤维素、半纤维素和木质素三大主要成分的降解产物外,还检测到大量的含氮化合物(第 3～5 章所检测到的各类有机化合物分类表)。根据所检测到的含氮化合物类型,可推测其在 NaOCl 氧化降解体系中的生成机理。如图 7-6 所示,以生成氯硝基甲烷为例,对 NaOCl 氧化降解体系含氮化合物的演化机制进行描述。木质素结构中的含氮化合物可能以图中 MMC 中的硝基形式存在,在过氧自由基的作用下,经过中间产物 IM1,发生硝基甲烷自由基 NM · 的脱离,NM · 与 Cl · 自由基结合生成一氯硝基甲烷MCNM,MCNM 中的 H 进攻中间产物 IM2 中的氧原子,脱去 OH^- 后生成中间产物 IM3 及 MCNM · 自由基,二者与 Cl_2 反应后分别生成 MMP1 和二氯硝基甲烷 DCNM;MCNM · 自由基也可通过自身与 Cl · 自由基结合生成 DCNM,而DCNM 中的 H 进攻 IM3 中的活性氧而形成 MMP2 和 DCNM · ,DCNM · 进一步与 Cl · 反应生成三氯硝基甲烷 TCNM。

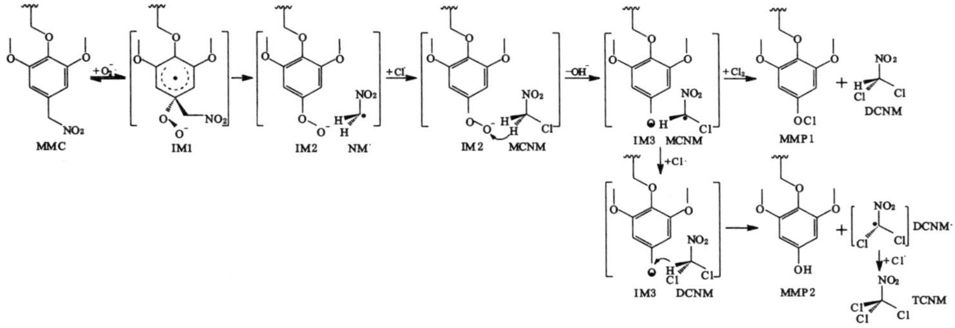

图 7-6　含氮化合物在 NaOCl 氧化降解体系中的反应机理

7.7　小　　结

NaOCl 水溶液可对 RHP 和 WSP 中的纤维素、半纤维素和木质素等主要成分实现有效地氧化降解。降解过程可能基于多种自由基或其他活性氧化物质对有机质的氧化。

纤维素的降解过程首先是单体间醚键断裂,生成低聚物或单糖,随后在分子张力作用下发生开环反应;在氧化剂存在的条件下,开环后的糖单元即可重新成环生成呋喃(酮)类化合物,又可继续被氧化生成短链脂肪醇、醛、酮或酸等小分子化合物。由于半纤维素的组成结构的复杂性和非单一性,其降解机理初级阶段可能与纤维素不同,但单糖分子的氧化降解过程与纤维素类似。NaOCl 可有效将结构复杂且稳定的木质素降解,不仅能使苯环间的芳醚键断裂生成各种羟基、甲氧基和烷基取代的芳香族化合物,甚至能够氧化苯环结构,生成苯醌中间体,进而生成邻苯二甲酸。

根据氧化产物各级萃取物的成分分析以及归类总结,可获得生物质中木质素单体的组成类型、比例,再根据单体间连接方式出现的频率,建立了稻壳木质素的结构模型,为揭示木质素的大分子结构提供数据支持,有助于木质素的更高效降解和利用。

8 结论、创新点和研究建议

8.1 结 论

本书选取稻壳和麦秆作为生物质原料，以 NaOCl 水溶液为氧化剂，在温和反应条件下对两种生物质及其溶剂分级萃取后的萃余物均进行逐级氧化降解，并对降解产物进行详细分离分析与表征，获得稻壳和麦秆降解产物的详细组成信息，同时分析各级氧化残渣的成分与形貌，旨在推测生物质分子结构以及氧化降解机理。通过实验研究和理论推断，形成的结论总结如下：

（1）RHP 和 WSP 的逐级氧化

NaOCl 逐级氧化可快速有效地将 RHP 和 WSP 中的纤维素、半纤维素和木质素降解为小分子化合物，为揭示生物质分子结构和氧化降解机理提供科学依据，可作为生产高附加值化学品的原料；溶剂分级萃取预处理能实现降解产物中有机化合物的富集与分离，有助于进行详细成分分析，也为化学品定向制备及产物的提取提供指导。

用 GC/MS 在氧化产物的各级萃取物中检测到多种产物，包括烷烃、芳烃、醛类、酮类、酚类、有机酸、酯类和含氮化合物以及少量烯烃和醇及其他化合物。其中，有机酸、酯类和酮类的含量较高。烷烃主要来自 RHP 和 WSP 蜡质层的降解，主要分布在 $C_9 \sim C_{32}$。芳烃的含量不高，除苯和甲苯外，还主要检测到多种甲基萘、菲、2-甲基苯-3H-并-(E)茚和荧蒽等重要化合物，可能是木质素的降解产物。醛类以苯甲醛为主，可能直接来源于木质素的降解。此外，还有少量氯取代的短链脂肪醛，如氯乙醛等。酮类化合物种类较为丰富，主要有呋喃酮、环烷酮、吡喃酮、烯酮和含苯酮类化合物，其中前三类可能来自半纤维素或纤维素的氧化降解，而含苯酮则可能来自木质素的降解产物。作为木质素的基本结构单元，酚类多为氯、甲氧基、羟基或烷基的取代化合物。所检测到的有机酸在第一级氧化产物中以脂肪酸为主，而在后两级的氧化中，含苯羧酸含量较高，这表明生物质在 NaOCl 氧化作用下，纤维素与半纤维素首先降解，随后为木质素。长链脂肪酸可能来自 RHP 和 WSP 的油脂中，也可能是蜡质层经 NaOCl 氧化而成，这类羧酸可经催化酯化用以生产生物柴油。含苯酸主要有邻苯二甲酸和苯甲酸。酯类化合物主要有邻苯二甲酸酯、脂肪酸苯基酯和脂肪酸烷基酯,其中前两者多是由邻苯二甲酸或苯甲酸与长链脂肪醇组成的酯,因此可以推断这些酯类可能是生物质中木质素与蜡质层的连接结构。

在萃取物中检测到丰富的含氮化合物,可以分为胺类(主要为酰胺)、氮杂环化合物、腈类、氨基化合物及磺胺等,前两者种类丰富、含量高。其中,氮杂环化合物有咪唑、吡嗪、吡咯、吡啶、吡唑、噁唑、嘧啶、吲哚和喹啉。在萃取物中检测到的醇类和烯烃极少,可能因为两者还原性较强,被 NaOCl 迅速氧化。其他化合物主要包括甾烷(或醇和酮)、杂氧烷、醚类和含硫化合物。其中,甾族化合物以及藿烷和 28-去甲基-17-β-(H)何伯烷等是地球生物标志化合物。

反应产物经溶剂分级萃取,最大限度获取其中的有机质组分,可以明确各级氧化过程的差异,还可实现对族组分的富集。在本研究中发现,EE 对各产物的萃取效果最好,而 PE 对烷烃,CS_2 对含氮化合物、醛、酮、羧酸和酯类化合物,以及 EA 对羧酸类化合物具有很好的富集作用。CS_2 对酰胺和吡咯烷酮的萃取作用尤为突出,其原因可能是 CS_2 中的 C═S 键与含氮化合物中的 C═O 键之间强烈的 π—π 相互作用。

在 NaOCl 氧化降解体系中,不仅发生氧化还原反应,导致化学键断裂和生成含氧化合物,还会同时发生氯取代反应,尤其在酚类、苯甲醛、短链脂肪酸和甲氧基苯中含氯衍生物较多。这可能是由于带有取代基的苯环反应活性较高,易脱氢形成稳定的自由基,再与 Cl· 自由基结合形成氯代芳香族化合物;而短链脂肪酸也可作为氢源,在甲基或亚甲基上脱氢,再与 Cl· 自由基反应,如几乎在各萃取中均检测到大量的氯乙酸。

(2) RHP 和 WSP 的溶剂分级萃取

在温和条件下采用有机溶剂分级萃取可将 RHP 或 WSP 中的可萃取物提取出来,如部分营养成分或游离氨基酸等。生物质在溶剂萃取过程中,必然发生组成上的改变,甚至结构上的改变,进而影响其在后续加工利用中的转化历程。

经过溶剂分级萃取,RHP 和 WSP 中有机质的可萃取率均低于 10%。在萃取物中检测到的有机化合物分为烷烃、烯烃、芳烃、醛类、酮类、醇类、酯类、呋喃、含氮化合物、有机酸和甾族化合物。其中,甾族、烷烃和酮类化合物是种类最丰富、含量最高的两种化合物。长链的烷烃、烯烃和醛类化合物可能来自稻壳的蜡质层。芳烃可能是木质素的降解产物,包括苯、甲苯、联苯、甲基萘、芴及稠环芳烃,如菲和荧蒽。酮类化合物种类较多,有烷酮、环烷酮、呋喃酮、烯酮、苯乙酮和甾酮等。酯类化合物则以邻苯二甲酸酯为主。烷基呋喃类化合物可能来源于半纤维素,而苯并呋喃可能来源于木质素。含氮化合物有咪唑、酰胺和喹唑啉。检测到的有机酸较少,且均为含苯羧酸,可能来自木质素。

甾族化合物在可萃取物中的相对含量均超过 60%,主要包括胆甾烯酮(或烷、醇)和豆甾烯酮(或烷、醇)。甾族化合物大多是重要的地球生物标志物,可作为合成药物和有机化学品的原料,用于治疗疾病等。因此,可在温和条件下采用简单的溶剂萃取即可从生物质获取甾族化合物。此外,还检测到了维生素E等。

(3) RHP和WSP萃余物的逐级氧化

由溶剂萃取出的甾族化合物和烷烃等大多难溶于水,可能会抑制稻壳和麦秆在NaOCl水溶液中的直接氧化降解。RHP和WSP经分级萃取后,一定量的甾族化合物、烷烃和酮类化合物被萃取分离,所得萃余物在微观结构上发生变化,使氧化降解反应更易于进行,氧化降解进程加快,甚至改变了反应途径;反应速率和效率均有所提升,产物的组成更简单,反应更为彻底。通过分级萃取,后续的逐级氧化既可以使稻壳和麦秆有效降解,又有助于深入了解稻壳和麦秆中有机质的组成结构。

萃余物经逐级氧化,对产物的各级萃取物的FTIR和GC/MS分析均与非萃取RHP和WSP原料逐级氧化所得化合物种类分布相近;然而氧化降解进程、产物总体种类和含量与之明显不同。在萃余物各级萃取物中所检测到的化合物包括烷烃、芳烃、酚类、醛类、酮类、有机酸、酯类及其他化合物。其中短链脂肪酸和酮类化合物含量较高。萃余物中的木质素在第一级氧化降解过程中便已开始降解,不同于非萃取RHP和WSP的逐级氧化过程降解次序。

(4) RHP和WSP及其萃取物逐级氧化残渣分析

采用元素分析、FTIR、SEM和EDS对RHP和WSP及其萃余物逐级氧化残渣的化学成分和形貌进行了系统地分析与表征。结果与液相产物的各级萃取物的GC/MS和FTIR分析结果相对应,所得结论具有一致性,这作为有效补充可有助于全面了解RHP和WSP的降解过程、生物质结构及氧化降解机理。

在元素分析中,从各原料至各级氧化残渣,随着氧化级数的增加,残渣中的C、H、N和S元素含量均显著降低,H/C也显著降低;并且,经溶剂萃取后的生物质,在氧化降解过程中,变化幅度更大,更易于氧化降解反应的进行。其中,在萃余物第三级氧化残渣中,C和H含量分别降低到2.63%和1.55%以及7.10%和1.93%,其他成分多为无机矿物质。

通过FTIR分析可知,各级氧化残渣中均含有缔合的—OH和少量饱和C—H化合结构,可能为Si—OH和Si—CH$_3$吸收峰;不含C=O键化合物,纤维素和半纤维素结构的吸收峰几乎消失,木质素成分(芳环结构)含量也极低;逐渐出现无机矿物质结构吸收峰。

由SEM直接观测各级氧化残渣的形貌,显示出明显的有机质降解的层次性,即纤维素和半纤维素首先被降解,随后是构成植物细胞壁骨架结构的木质素,最终这些有机质大多被降解分离,剩余残渣为散乱分布的无机矿物质。溶剂萃取预处理可促进 NaOCl 对生物质的氧化降解反应,而最终产物中有机物降解更为彻底。

EDS 分析结果表明在生物质原料及各级氧化残渣中,主要存在 Si、C 和 O 元素;随着氧化级数的增加,残渣中 C 元素含量显著降低,最终几乎全部消失,这与元素分析结果一致。最终的氧化残渣中主要含 Si 和 O 元素,可能以 SiO_2 的形式存在。溶剂萃取作用可显著提高逐级氧化的效率,尤其是针对 RHPR 而言,而对于 WSPR 效果不明显,这与元素分析和 SEM 观测结果一致。

（5）RHP 和 WSP 在 NaOCl 水溶液中的氧化降解机理和木质素结构

NaOCl 水溶液可对 RHP 和 WSP 生物质的降解过程可能基于多种自由基或其他活性氧化物质对有机质的氧化。

纤维素的降解过程经历醚键断裂、糖单体开环、重新成环或断裂过程,生成呋喃、呋喃酮、环烷酮或短链脂肪醇、醛、酮或酸等小分子化合物。由于半纤维素的组成结构的复杂性和非单一性,其降解机理初级阶段可能与纤维素是不同的,但单糖分子的氧化降解过程与纤维素类似。NaOCl 可有效将结构复杂且稳定的木质素降解,不仅能使苯环间的芳醚键断裂生成各种羟基、甲氧基和烷基取代的芳香族化合物,甚至能够氧化苯环结构,生成苯醌中间体,进而生成邻苯二甲酸。

根据氧化产物各级萃取物的成分分析以及归类总结,可获得生物质中木质素单体的组成类型、比例,再根据单体间连接方式出现的频率,建立了以二苯并二氧桥松伯醇为中心,以 H、G 和 S 为基本单元的稻壳木质素典型结构模型,为揭示木质素的大分子结构提供数据支持,有助于木质素的更高效降解和利用。

（6）NaOCl 水溶液的逐级氧化可用于生物质的快速有效降解,具有反应条件温和可控、能耗低、成本低和产物附加值高等优势,是农作物秸秆和农业废弃物开发利用的可行途径。

8.2 创 新 点

① 通过对稻壳和麦秆在 NaOCl 水溶液中逐级氧化所得萃取物和萃余物残渣的详细分析,揭示了稻壳和麦秆中纤维素、半纤维素和木质素的氧化降解次序,提出了基于 O_2^- 和 Cl_2^- 等自由基的氧化和氯代反应的机理,建立了以二苯并二氧桥松伯醇为中心,以 H、G 和 S 为基本单元的稻壳木质素典型结构模型。

② 系统地考察了稻壳和麦秆的分级萃取,发现萃取物的主要成分是甾族化合物、烷烃和酮,其中的甾族化合物和烷烃因难溶于水,抑制了稻壳和麦秆在 NaOCl 水溶液中的氧化降解;与稻壳和麦秆本身相比,所得萃余物在 NaOCl 水溶液中更容易氧化降解,产物的组成更简单;通过分级萃取,后续的逐级氧化既

可以使稻壳和麦秆有效降解,又有助于深入了解稻壳和麦秆中有机质的组成结构。

③ 在稻壳和麦秆逐级氧化降解所得萃取物中检测到多种长链烷基呋喃(或酮)和邻苯二甲酸烷基酯,推测这些成分是半纤维素和木质素与蜡质层的连接结构。

8.3　研究建议

随着研究的深入开展以及对课题认识理解程度的提高,作者认为该课题具有广阔的基础研究和应用开发前景,因此提出如下研究建议:

① 由于反应体系中成分的多样性和反应类型的复杂性,需要建立一套在线监测取样分析的方法,以监测反应体系产物变化情况,便于更好地掌握各反应条件与产物的关联性,控制产物的定向选择性。

② 在萃余液和酸化萃余液中,仍残留有部分水溶性的强极性化合物,因此建立相应的分离分析方法对全面掌握降解产物的组成显得尤为重要,如建立高效液相色谱/质谱联用、柱层析和毛细管电泳等高效分离分析手段。

③ 生物质氧化机理的提出和完善有赖于模型化合物的反应研究,因此应选取反应产物中所检测物质的前驱物作为模型化合物,在相同的反应条件下开展氧化反应研究。

④ 溶剂萃取预处理对逐级氧化进程的影响机理研究有待深入挖掘。

⑤ 采取合适的定向制备手段进行降解产物的优化与富集,以制备有利用价值的化学品,如中压制备色谱、高速逆流色谱和精馏等工艺。

附录 主要缩写及名称对照表

序号	缩写	全称
1	EA	乙酸乙酯
2	EE	乙醚
3	PE	石油醚
4	RHP	稻壳
5	WSP	麦秆
6	RHPR	稻壳萃余物
7	WSPR	麦秆萃余物
8	$RHPF_{i-j}$	稻壳第 i 级氧化产物第 j 阶段滤液浓缩液
9	$WSPF_{i-j}$	麦秆第 i 级氧化产物第 j 阶段滤液浓缩液
10	$EFRHP_i$	稻壳第 i 级萃取物浓缩液
11	$EFWSP_i$	麦秆第 i 级萃取物浓缩液
12	$RHPRF_{i-j}$	稻壳萃余物第 i 级氧化第 j 阶段滤液
13	$WSPRF_{i-j}$	麦秆萃余物第 i 级氧化第 j 阶段滤液
14	$RHPZ\text{-}i$	稻壳第 i 级氧化残渣
15	$WSPZ\text{-}i$	麦秆第 i 级氧化残渣
16	$RHPRZ\text{-}i$	稻壳萃余物第 i 级氧化残渣
17	$WSPRZ\text{-}i$	麦秆萃余物第 i 级氧化残渣
18	F_i	滤液
19	FC_i	过滤残渣
20	ES_i	可萃取物
21	IES_i	萃余液
22	E_{i-j-k}	第 i 级第 j 阶段 k 萃取物浓缩液
23	FTIR	傅里叶变换红外光谱
24	GC/MS	气相色谱/质谱联用仪
25	SEM	扫描电镜
26	EDS	X 射线能量色散谱

参 考 文 献

[1] 王庆,王英勇,郭向云.生物形态的高性能材料[J].化学进展,2007,19(7-8):1217-1222.

[2] 王小孟,谭江林,陈金珠.我国生物质能源开发利用的现状[J].江西林业科技,2006(5):45-57.

[3] 赖艳华,吕明新,马春元,等.秸秆类生物质热解特性及其动力学研究[J].太阳能学报,2002,23(2):203-206.

[4] 朱锡锋,朱建萍.生物质热解液化技术经济分析[J].新能源及工艺,2006(6):32-34.

[5] 严陆光,陈俊武,周凤起,等.我国中远期石油补充与替代能源发展战略研究[J].电工电能新技术,2006,25(4):1-7.

[6] 匡廷云,白克智,卢从明,等.生物质能源技术前瞻[J].太阳能,2004(4):7-9.

[7] DAYTON D C,CHUM H L. Symposium on biomass fuels:an introduction [J]. Energy & Fuels,1996,10(2):267-268.

[8] 陈羲,韩志群,孔繁华,等.生物质能源的开发与利用[J].化学进展,2007,19(7-8):1091-1097.

[9] 廖艳芬,王树荣,骆仲泱,等.纤维素快速热裂解试验研究及分析[J].浙江大学学报,2003,37(5):582-587.

[10] MINOWA T,ZHEN F,OGI T. Cellulose decomposition in hot-compressed water with alkali or nickel catalyst[J]. The Journal of Supercritical Fluids,1998,13(1-3):253-259.

[11] DEMIRBAS A. Progress and recent trends in biofuels[J]. Progress in Energy and Combustion Science,2007,33(1):1-18.

[12] 雅克范鲁,耶普克佩耶.生物质燃烧与混合燃烧技术手册[M].北京:化学工业出版社,2008:46-51.

[13] 张齐生,周建斌,屈永标.农林生物质的高效无公害资源化利用[J].林产工业,2009,36(1):3-8.

[14] 姜岷,韦萍,卢定强,等.后化石经济时代生物技术发展的若干思考[J].化

工进展,2006,25(10):1119-1123.

[15] AGARWAL A K. Biofuels (alcohols and biodiesel) applications as fuels for internal combustion engines[J]. Progress in Energy and Combustion Science,2007,33(3):233-271.

[16] 周密,阎立峰,王益群,等. 生物质定向气化制合成气-气化热力学模型和模拟[J]. 化学物理学报,2005,18(1):69-74.

[17] OVEREND R P. Biomass gasification:a growing business[J]. Renew Energy World,1998,1(3):26-31.

[18] FRANCO C,PINTO F,GULYURTLU I,et al. The study of reactions influencing the biomass steam gasification process[J]. Fuel,2003,82(7):835-842.

[19] 高先声. 生物质的热化学反应特性和秸秆气化问题[J]. 可再生能源,2004(2):26-29.

[20] BRIDGWATER A V,MEIER D,RADLEIN D. An overview of fast pyrolysis of biomass[J]. Organic Geochemistry,1999,30(12):1479-1493.

[21] ELLIOTT D C,BECKMAN D,BRIDGWATER A V,et al. Developments in direct thermochemical liquefaction of biomass:1983—1990[J]. Energy & Fuels,1991,5(3):399-410.

[22] SCOTT D S,PISKORZ J,BERGOUGNOU M A,et al. The role of temperature in the fast pyrolysis of cellulose and wood[J]. Industrial & Engineering Chemistry Research,1988,27(1):8-15.

[23] 张素萍. 生物质制液体燃料的研究[D]. 上海:华东理工大学资源与环境工程,2002.

[24] 常杰. 生物质液化技术的研究进展[J]. 现代化工,2003,23(9):13-18.

[25] 傅木星. 生物质水热法解聚行为研究[D]. 长沙:湖南大学,2006.

[26] 吴创之,阴秀丽. 欧洲生物质能利用的研究现状及特点[J]. 新能源,1999,21(3):30-35.

[27] 孙永明,袁振宏,孙振钧. 中国生物质能源与生物质利用现状与展望[J]. 可再生能源,2006(2):78-82.

[28] 朱锡锋,陆强,郑冀鲁,等. 生物质热解与生物油的特性研究[J]. 太阳能学报,2006,27(12):1285-1289.

[29] 郑冀鲁,朱锡锋,郭庆祥,等. 生物质制取液体燃料技术发展趋势与分析[J]. 中国工程科学,2005,7(4):5-10.

[30] 秦特夫. 生物质热裂解和化学液化制燃料油技术现状及展望[J]. 生物质化学工程,2006,4(12):78-85.

[31] 姜洪涛,李会泉,张懿.生物质高压液化制生物原油研究进展[J].化工进展,2006,25(1):8-13.

[32] 赵岩,王洪涛,陆文静,等.秸秆超(亚)临界水预处理与水解技术[J].化学进展,2007,19(11):1832-1838.

[33] 宋春财,胡浩权,朱盛维,等.生物质秸秆热重分析及几种动力学模型结果比较[J].燃料化学学报,2003,31(4):311-316.

[34] 宋春财.农作物秸秆的热解及在水中的液化研究[D].大连:大连理工大学,2003.

[35] LEHR V,SARLEA M,OTT L,et al. Catalytic dehydration of biomass-derived polyols in sub- and supercritical water[J]. Catalysis Today,2007,121(1-2):121-129.

[36] MATSUMURA Y,NONAKA H,YOKURA H,et al. Co-liquefaction of coal and cellulose in supercritical water[J]. Fuel,1999,78(9):1049-1056.

[37] ZHANG Q,CHANG J,WANG T J,et al. Upgrading bio-oil over different solid catalysts[J]. Energy & Fuels,2006,20(6):2717-2720.

[38] ZHANG Q,CHANG J,WANG T J,et al. Review of biomass pyrolysis oil properties and upgrading research[J]. Energy Conversion and Management,2007,48(1):87-92.

[39] 朱锡锋.生物油雾化燃烧特性试验[J].中国科学技术大学学报,2005,34(6):856-860.

[40] 张光全.生物质闪速热裂解制备生物质油[J].能源研究与利用,2005(5):48-52.

[41] 王树荣,骆仲泱,董良杰,等.生物质闪速热裂解制取生物油的试验研究[J].太阳能学报,2002,23(1):4-10.

[42] 董治国.转锥式生物质热解液化装置的实验研究[J].林业机械与木工设备,2004,32(4):17-19.

[43] 王华,刘荣厚,张春梅,等.卡尔费休方法测定生物油含水量的试验研究[J].可再生能源,2005(3):17-20.

[44] DEMIRBAŞ M F,BALAT M. Recent advances on the production and utilization trends of bio-fuels:A global perspective[J]. Energy Conversion and Management,2006,47(15-16):2371-2381.

[45] BRIDGWATER A V,CZERNIK S,PISKORZ J. An Overview of Fast Pyrolysis. In Progress in Thermochemical Biomass Conversion (BRIDGWATER A V, Ed.)[M]. Blackwell Publishing Ltd, Oxford, UK, 2001:977-997.

[46] CZERNIK S,BRIDGWATER A V. Over view of applications of biomass fast pyrolysis oil[J]. Energy & Fuels,2004,18(2):590-598.

[47] BOUCHER M E,CHAALA A,ROY C. Bio-oil obtained by vacuum pyrolysis of softwood bark as a liquid fuel for gas turbines. Part I:Properties of bio-oil and its blends with methanol and a pyrolysis aqueous phase[J]. Biomass & Bioenergy,2000,19(5):337-350.

[48] SCAHILL J,DIEBOLD J P,FEIK C. Removal of residual char fines from pyrolysis vapors by hot gas filtration. In Developments in Thermochemical Biomass Conversion (BRIDGWATER A V,BOOCOCK D G B,Eds.) [M]. London,UK:Blackie Academic & Professional,1997:253-266.

[49] DARMSTADT H,GARCIA-PEREZ M,ADNOT A,et al. Corrosion of metals by bio-oil obtained by vacuum pyrolysis of softwood bark residues. An X-ray photoelectron spectroscopy and auger electron spectroscopy study[J]. Energy & Fuels,2004,18(5):1291-1301.

[50] SIPILA K,KBOPPALA E,FAGERNAS L,et al. Characterization of biomass based flash pyrolysis oils[J]. Biomass & Bioenergy,1998,14(2):103-113.

[51] HALLETT W L H,CLARK N A. A model for the evaporation of biomass pyrolysis oil droplets[J]. Fuel,2006,85(4):532-544.

[52] 矫常命,何芳. 玉米秸秆热解液体产物热值的测定[J]. 山东理工大学学报,2006,20(2):11-13.

[53] ZHAO W,XU W J,LU X J,et al. Preparation and property measurement of liquid fuel from supercritical ethanolysis of wheat stalk[J]. Energy & Fuels,2010,24(1):136-144.

[54] ZHOU L,ZONG Z M,TANG S R,et al. FTIR and mass spectral analyses of an upgraded bio-oil[J]. Energy Sources,Part A:Recovery,Utilization,and Environmental Effects,2010,32(4):370-375.

[55] LU Y,WEI X Y,LIU F J,et al. Evaluation of an upgraded bio-oil from pyrolysis of rice husk by acidic resin-catalyzed esterification[J]. Energy Sources,Part A:Recovery,Utilization,and Environmental Effects,2014,36(6):575-581.

[56] CHIARAMONTI D,OASMAA A,SOLANTA Y. Power generation using fast pyrolysis liquids from biomass[J]. Renewable & Sustainable Energy Reviews,2007,11(6):1056-1086.

[57] HEW K L,TAMIDI A M,YUSUP S,et al. Catalytic cracking of bio-oil to

organic liquid product（OLP）[J]. Bioresource Technology,2010,101
(22):8855-8858.

[58] HUBER G W,IBORRA S,CORMA A. Synthesis of transportation fuels
from biomass:Chemistry, catalysts, and engineering[J]. Chemical Re-
views,2006,106(9):4044-4098.

[59] MOHAN D,PITTMAN C U,STEELE P H. Pyrolysis of wood/biomass
for bio-oil:A critical review[J]. Energy & Fuels,2006,20(3):848-889.

[60] XU J M,JIANG J C,SUN Y J,et al. Bio-oil upgrading by means of ethyl
ester production in reactive distillation to remove water and to improve
storage and fuel characteristics[J]. Biomass & Bioenergy,2008,32(11):
1056-1061.

[61] 高洁,汤烈贵. 纤维素科学[M]. 北京:科学出版社,1999.

[62] 刘荣厚,牛卫生,张大雷. 生物质热化学转换技术[M]. 北京:化学工业出版
社,2005:7.

[63] 何方,王华. 生物质液化制取液体燃料和化学品[J]. 能源工程,1999(5):
14-17.

[64] 徐兆瑜. 超临界技术在化学工业中的应用[J]. 化工技术与开发,2006,35
(4):19-24.

[65] DIETRICH M,RONALD A,OSKAR F. Catalytic hydropyrolysis of lig-
nin:Influence of reaction conditions on the formation and composition of
liquid products[J]. Bioresource Technology,1992,40(2):171-177.

[66] BAURHOO B,RUIZ-FERIA C A,ZHAO X. Purified lignin:Nutritional
and health impacts on farm animals - a review[J]. Animal Feed Science
and Technology,2008,144(3-4):175-184.

[67] WANG H,DE VRIES FRITS P,JIN Y. A win-win technique of stabili-
zing sand dune and purifying paper mill black-liquor[J]. Journal of Envi-
ronmental Sciences,2009,21(4):488-493.

[68] RALPH J,BRUNOW G,HARRIS P,et al. Lignification:Are Lignins Bio-
synthesized Via Simple Combinatorial Chemistry or Via Proteinaceous
Control and Template Replication? In Recent Advances in Polyphenol Re-
search（DAAYF F,LATTANZIO V,Eds. ）[M]. Oxford,UK:Blackwell
Publishing Ltd,2008:36-66.

[69] MAZIERO P,NETO M O,MACHADO D,et al. Structural features of
lignin obtained at different alkaline oxidation conditions from sugarcane
bagasse[J]. Industrial Crops and Products,2012,35(1):61-69.

[70] BOERJAN W,RALPH J,BAUCHER M. Lignin biosynthesis[J]. Annual Review of Plant Biology,2003,54:519-546.

[71] DA COSTA SOUSA L,CHUNDAWAY S P S,BALAN V,et al. 'Cradle-to-grave' assessment of existing lignocellulose pretreatment technologies [J]. Current Opinion in Biotechnology,2009,20(3):339-347.

[72] TAPIN S,SIGOILLOT J C,ASTHER M,et al. Feruloyl esterase utilization for simultaneous processing of nonwood plants into phenolic compounds and pulp fibers[J]. Journal of Agricultural and Food Chemistry, 2006,54(10):3697-3703.

[73] LU F,RALPH J. Non-degradative dissolution and acetylation of ball-milled plant cell walls:high-resolution solution-state NMR[J]. The Plant Journal,2003,35(4):535-544.

[74] NAKASHIMA J,CHEN F,JACKSON L,et al. Multi-site genetic modification of monolignol biosynthesis in alfalfa (Medicago sativa):Effects on lignin composition in specific cell types[J]. New Phytologist,2008,179 (3):738-750.

[75] LIITIÄT M,MAUNU S L,HORTLING B,et al. Analysis of technical lignins by two- and three-dimensional NMR spectroscopy[J]. Journal of Agricultural and Food Chemistry,2003,51(21):2136-2143.

[76] SCHOLZE B,HANSER C,MEIER D J. Characterization of the water-insoluble fraction from fast pyrolysis liquids(pyrolytic lignin). Part II. GPC,carbonyl groups,and carbon-13NMR[J]. Journal of Analytical and Applied Pyrolysis,2001,58-59(1):387-400.

[77] SCHOLZE B,MEIER D. Characterization of the water-insoluble fraction from pyrolysis oil (pyrolytic lignin). Part I. Py-GC/MS,FTIR,and functional groups[J]. Journal of Analytical and Applied Pyrolysis,2001,60 (1):41-54.

[78] HUGHES S R,GIBBONS W R,MOSER B R,et al. Sustainable multipurpose biorefineries for third-generation biofuels and value-added co-products. In Biofuels - Economy, Environment and Sustainability (Fang Z, Ed.)[M]. Rijeka,Croatia. InTech,2013:245-267.

[79] LORA J H,GLASSER W G. J. Recent industrial applications of lignin-a sustainable alternative to non-renewable materials[J]. Journal of Polymers and the Environment,2002,10(1-2):39-48.

[80] HOLLADAY J E,BOZELL J J,WHITE J F,et al. Top value-added chem-

icals from biomass-volume II-Results of screening for potential candidates from biorefinery lignin[R]. PNNL-16983, Pacific Northwest National Laboratory, Richland, WA, 2007.

[81] WU S B, ARGYROPOULOS D S. An improved method for isolating lignin in high yield and purity[J]. Journal of Pulp and Paper Science, 2003, 29(7):235-240.

[82] ARGYROPOULOS D S, SUN Y, PALUŠ E. Isolation of residual kraft lignin in high yield and purity[J]. Journal of Pulp and Paper Science, 2002, 28(2):50-54.

[83] 王少光, 武书彬, 郭伊丽, 等. EMAL 的分离及其特性[J]. 华南理工大学学报, 2006, 34(12):101-104.

[84] 武书彬, 李梦实. 麦草酶解-温和酸解木质素的化学结构特性研究[J]. 林产化学与工业, 2006, 26(1):104-108.

[85] 王少光, 武书彬, 郭秀强, 等. 玉米秸秆素的化学结构及热解特性[J]. 华南理工大学学报, 2006, 34(3):39-42.

[86] LOU R, WU S. J. Pyrolysis characteristic of rice straw EMAL[J]. Cellulose Chemistry and Technology, 2008, 42(7-8):371-380.

[87] 武书彬, 娄瑞, 赵增立. 秸秆原料 EMAL 木素的分离及其特性研究[J]. 造纸科学与技术, 2008, 27(6):87-92.

[88] 娄瑞, 武书彬, 谭杨, 等. 毛竹酶解/温和酸解木素的热解特性[J]. 南京理工大学学报(自然科学版), 2009, 33(6):824-828.

[89] YANG Q, WU S B, LOU R, et al. Analysis of wheat straw lignin by thermogravimetry and pyrolysis-gas chromatography/mass spectrometry[J]. Journal of Analytical and Applied Pyrolysis, 2010, 87(1):65-69.

[90] 娄瑞, 武书彬, 吕高金, 等. 草本类木质素的化学结构与热化学性质[J]. 华南理工大学学报, 2010, 38(8):1-6.

[91] LOU R, WU S B, LV G J. Effect of conditions on fast pyrolysis of bamboo lignin[J]. Journal of Analytical and Applied Pyrolysis, 2010, 89(2):191-196.

[92] LOU R, WU S B, LV G J. Fast pyrolysis of bamboo lignin[J]. BioResources, 2010, 5(2):827-837.

[93] LOU R, WU S B. Products properties from fast pyrolysis of enzymatic/mild acidolysis lignin[J]. Applied Energy, 2011, 88(1):316-322.

[94] LU Y, WEI X Y, CAO J P, et al. Characterization of a bio-oil from pyrolysis of rice husk by detailed compositional analysis and structural investi-

gation of lignin[J]. Bioresource Technology,2012,116(7):114-119.

[95] BRUNOW G. Lignin Chemistry and its Role in Biomass Conversion. In Biorefineries - Industrial Processes and Products:Status Quo and Future Directions (Kamm B,Gruber P R,Kamm M,Eds.)[M]. Weinheim,Germany:Wiley-VCH Verlag GmbH,2006:151-163.

[96] RALPH J,LUNDQUIST K,BRUNOW G,et al. Lignins:Natural polymers from oxidative coupling of 4-hydroxyphenyl-propanoids[J]. Phytochemistry Reviews,2004,3(1):29-60.

[97] CHEN Y R,SARKANEN S. From the macromolecular behavior of lignin components to the mechanical properties of lignin-based plastics[J]. Cellulose Chemistry and Technology,2006,40(3-4):149-163.

[98] CHEN Y R,SARKANEN S. Macromolecular replication during lignin biosynthesis[J]. Phytochemistry,2010,71(4):453-462.

[99] DAVIN L B,LEWIS N G. Lignin primary structures and dirigent sites [J]. Current Opinion in Biotechnology,2005,16(4):407-415.

[100] DAVIN L B,JOURDES M,PATTEN A M,et al. Dissection of lignin macromolecular configuration and assembly:Comparison to related biochemical processes in allyl/propenyl phenol and lignan biosynthesis[J]. Natural Product Reports,2008,25(6):1015-1090.

[101] DAVIN L B,PATTEN A M,JOURDES M,et al. Lignins:A twenty-first century challenge. In Biomass Recalcitrance-Deconstructing the Plant Cell Wall for Bioenergy (HIMMEL M E,Ed.) [M]. Oxford,UK:Blackwell Publishing Ltd,2008:213-305.

[102] ZAKZESKI J,BRUIJNINCX P C,JONGERIUS A L,et al. The catalytic valorization of lignin for the production of renewable chemicals[J]. Chemical Reviews,2010,110(6):3552-3599.

[103] 马隆龙,吴创之,孙立.生物质气化技术及其应用[M].北京:化学工业出版社,2003.

[104] DESAPPA S,SRIDHAR H V,SRIDHAR G,et al. Biomass gasification-a substitute to fossil fuel for heat application[J]. Biomass & Bioenergy,2003,25(6):637-649.

[105] OZCIMEN D,KARAOSMANOGLU F. Production and characterization of bio-oil and biochar from rapeseed cake[J]. Renewable Energy,2004,29(5):779-787.

[106] 魏晓旻.生物质液化的实验研究[D].北京:北京化工大学,2003.

[107] SHINYA Y,TOMOKO O,KATSUYA K. Process for liquefying cellulose-containing biomass US4935567:[P]. 1990-06-19.

[108] WILLIAMS P T. Subcritical and supercritical water gasification of cellulose,starch,glucose,and biomass waste[J]. Energy & Fuels,2006,20 (3):1259-1265.

[109] D'JESUS P,BOUKIS N,KRAUSHAAR-CZARNETZKI B,et al. Gasification of corn and clover grass in supercritical water[J]. Fuel,2006,85 (7-8):1032-1038.

[110] MATSUMURA Y,SASAKI M,OKUDA K,et al. Supercritical water treatment of biomass for energy and material recovery[J]. Combustion Science and Technology,2006,178(1-3):509-536.

[111] QIAN Y J,ZUO C J,TAN J,et al. Structural analysis of bio-oils from sub-and supercritical water liquefaction of woody biomass[J]. Energy, 2007,32(3):196-202.

[112] 颜涌捷,任铮伟. 纤维素连续催化水解研究[J]. 太阳能学报,1999,20(1): 55-58.

[113] 宋春财,胡浩权. 生物质秸秆在水中热化学液化研究[J]. 四川大学学报, 2002,34(5):59-62.

[114] 傅木星,袁兴中,曾光明,等. 稻草水热法液化的实验研究[J]. 能源工程, 2006(2):34-38.

[115] 何建辉,钱叶剑,谈建,等. 水中直接液化木质生物质的试验研究[J]. 合肥 工业大学学报,2006,29(1):110-112.

[116] 曲先锋,彭辉,毕继诚,等. 生物质在超临界水中热解行为的初步研究[J]. 燃料化学学报,2003,31(3):230-233.

[117] SELHAN K,THALLADA B,AKINORI M,et al. Comparative studies of oil compositions produced from sawdust,rice husk,lignin and cellulose by hydrothermal treatment[J]. Fuel,2005,84(7-8):875-884.

[118] 谢文. 催化剂对亚临界水中生物质液化行为的影响[D]. 长沙:湖南大 学,2008.

[119] DEMIRBAŞ A. Conversion of agricultural residues to fuel products via supercritical fluid extraction [J]. Energy Sources, 2004, 26 (12): 1095-1103.

[120] CEMEK M,KÜÇÜ K M M. Liquid products from Verbascum stalk by supercritical fluid extraction[J]. Energy Conversion and Management, 2001,42(2):125-130.

[121] YAMAZAKI J,MINAMI E,SAKA S. Liquefaction of beech wood in various supercritical alcohols[J]. Journal of Wood Science,2006,52(6): 527-532.

[122] SORIA A,MCDONALD A G,SHOOK S,et al. Supercritical methanol for conversion of Ponderosa pine into chemicals and fuels [C]//Appita Annual Conference,59th Appita Annual Conference and Exhibition:Incorporating the 13th ISWFPC (International Symposium on Wood,Fiber and Pulping Chemistry). Auckland,New Zealand,2005:369-374.

[123] 于树峰,仲崇立.农作物废弃物液化的实验研究[J].燃料化学学报,2005, 33(4):205-210.

[124] YAMADA T,ONO H. Rapid liquefaction of lignocellulosic waste by using ethylene carbonate[J]. Bioresource Technology,1999,70(1):61-67.

[125] ZHANG T,ZHOU Y J,LIU D H,et al. Qualitative analysis of products formed during the acid catalyzed liquefaction of bagasse in ethylene glycol[J]. Bioresource Technology,2007,98(7):1454-1459.

[126] YUAN X Z,LI H,ZENG G M,et al. Sub- and supercritical liquefaction of rice straw in the presence of ethanol-water and 2-propanol-water mixture[J]. Energy,2007,32(11):2081-2088.

[127] KUCUK M M,AGIRTAS S. Liquefaction of Prangmites australis by supercritical gas extraction [J]. Bioresource Technology, 1999, 69 (2): 141-143.

[128] DEMIRBAŞ A. Conversion of biomass using glycerin to liquid fuel for blending gasoline as alternative engine fuel[J]. Energy Conversion and Management,2000,41(16):1741-1748.

[129] 徐艾清.三倍体毛白杨乙二醇解的初步研究[D].北京:北京林业大学,2006.

[130] 王梦亮,王华,常如波,等.纤维素类废弃物的热化学催化液化试验研究[J].中国环境科学,2004,24(4):469-473.

[131] 姜洪涛,李会泉,张懿.生物质高压液化制生物原油研究进展[J].化工进展,2006,25(1):8-13.

[132] 谢文,袁兴中,曾光明,等.催化剂对亚临界水中生物质液化行为的影响[J].资源科学,2008,30(1):129-133.

[133] XU C B,TIMOTHY E. Hydro-liquefaction of woody biomass in sub- and super-critical ethanol with iron-based catalysts[J]. Fuel,2008,87 (3):335-345.

[134] SONG C C,HU H Q,ZHU S W,et al. Nonisothermal catalytic liquefaction of corn stalk in subcritical and supercritical water[J]. Energy & Fuels,2004,18(1):90-96.

[135] DEMIRBAŞ A. Effect of lignin content on aqueous liquefaction products of biomass[J]. Energy Conversion and Management,2000,41(15):1601-1607.

[136] SONG C C,HU H Q,ZHU S W,et al. Nonisothermal catalytic liquefaction of corn stalk in subcritical and supercritical water[J]. Energy & Fuels,2004,18(1):90-96.

[137] AGBLEVOR,FOSTER A. Process for producing phenolic compounds from lignins US5807952:[P]. 1998-09-15.

[138] SHABTAI J S,ZMIERCZAK W W,CHORNET E. Process for conversion of lignin to reformulated,partially oxygenated gasoline US6172272:[P]. 2001-01-09.

[139] MAE K,SHINDO H,MIURA K. A new two-step oxidative degradation method for producing valuable chemicals from low rank coals under mild conditions[J]. Energy & Fuels,2001,15(3):611-617.

[140] MAE K,MAKI T,OKUTSU H,et al. Examination of relationship between coal structure and pyrolysis yields using oxidized brown coals having different macromolecular networks[J]. Fuel, 2000, 79 (3-4): 417-425.

[141] WANG T,ZHU X F. Conversion and kinetics of the oxidation of coal in supercritical water[J]. Energy & Fuels,2004,18(5):1569-1572.

[142] DENO N,GREIGGER B,MESSER L. Aromatic ring oxidation of alkyl-benzenes[J]. Tetrahedron Letters,1977,18(20):1703-1704.

[143] ALAM H G,MOGHADDAM A Z,OMIDKHAH M R. The influence of process parameters on desulfurization of Mezino coal by HNO_3/HCl leaching[J]. Fuel Processing Technology,2009,90(1):1-7.

[144] PIETRZAK R,WACHOWSKA H. Low temperature oxidation of coals of different rank and different sulphur content[J]. Fuel,2003,82(6):705-713.

[145] ZHUMANOVA M O,USANBOEV N,NAMAZOV S S,et al. Oxidation of brown coal of Angren deposit with a mixture of nitric and sulfuric acids [J]. Russian Journal of Applied Chemistry, 2009, 82 (12): 2223-2229.

[146] KURKOVA M, KLIKA Z, KLIKOVA C, et al. Humic acids from oxidized coals. I. Elemental composition, titration curves, heavy metals in HA samples, nuclear magnetic resonance spectra of HAs and infrared spectroscopy[J]. Chemosphere, 2004, 54(8):1237-1245.

[147] OSHIKA T, OKUWAKI A. Formation of aromatic carboxylic acids from coal-tar pitch by two-step oxidation with oxygen in water and in alkalinesolution[J]. Fuel, 1994, 73(1):77-82.

[148] PATRAKOV Y F, FEDYAEVA O N, SEMENOVA S A, et al. Influence of ozone treatment on change of structural-chemical parameters of coal vitrinites and their reactivity during the thermal liquefaction process[J]. Fuel, 2006, 85(9):1264-1272.

[149] SEMENOVA S A, PATRAKOV Y F, BATINA M V. Preparation of oxygen-containing organic products from bed-oxidized brown coal by ozonation[J]. Russian Journal of Applied Chemistry, 2009, 82(1):80-85.

[150] DJERASSI C, ENGLE R R. Oxidations with ruthenium tetroxide[J]. Journal of the American Chemical Society, 1953, 75(15):3838-3840.

[151] STOCK L M, KWOK-TUEN T. Ruthenium tetroxide catalysed oxidation of Illinois No. 6 coal and some representative hydrocarbons[J]. Fuel, 1983, 62(8):974-976.

[152] HUANG Y G, ZONG Z M, YAO Z S, et al. Ruthenium ion-catalyzed oxidation of Shenfu coal and its residues[J]. Energy & Fuels, 2008, 22(3):1799-1806.

[153] DO J S, CHOU T C. Anodic oxidation of benzyl alcohol to benzaldehyde in the presence of both redox mediator and phase transfer catalyst[J]. Journal of Applied Electrochemistry, 1989, 19(6):922-927.

[154] VANARENDONK A M, CUPERY M E. The reaction of acetophenone derivatives with sodium hypochlorite[J]. Journal of the American Chemical Society, 1931, 53(8):3184-3186.

[155] FARRAR M W, LEVINE R. The oxidation of certain ketones to acids by alkaline hypochlorite solution[J]. Journal of the American Chemical Society, 1949, 71(4):1496-1496.

[156] FARRAR M W. Sodium hypobromite oxidation of certain cycloalkanones[J]. The Journal of Organic Chemistry, 1957, 22(12):1708-1708.

[157] NEISWENDER D D, MONIZ W B, DIXON J A. The oxidation of methylene and methyl groups by sodium hypochlorite[J]. Journal of the A-

merican Chemical Society,1960,82(11):2876-2878.

[158] CHAKRABARTTY S K,KRETSCHMER H O. Studies on the structure of coals: Part1. The nature of aliphatic groups[J]. Fuel,1972,51 (2):160-163.

[159] CHAKRABARTTY S K,KRETSCHMER H O. Studies on the structure of coals. 2. The valence state of carbon in coal[J]. Fuel,1974,53 (2):132-135.

[160] CHAKRABARTTY S K,KRETSCHMER H O. Sodium hypochlorite as a selective oxidant for organic compounds[J]. Journal of the Chemical Society,Perkin Transactions 1,1974:222-228.

[161] LANDOLT R G. Oxidation of coal models. Reaction of aromatic compounds with sodium hypochlorite[J]. Fuel,1975,54(4):299-299.

[162] LANDOLT R G. Role of substituents and pH in activating hypochlorite oxidations of coal models[J]. Fuel,1977,56 (2):224-225.

[163] MAYO F R. Application of sodium hypochlorite oxidations to the structure of coal[J]. Fuel,1975,54(4):273-275.

[164] MAYO F R,KIRSHEN N A. Oxidations of coal by aqueous sodium hypochlorite[J]. Fuel,1979,58(9):689-704.

[165] MAYO F R,PAVELKA L A,HIRSCHON A S,et al. Extractions and reactions of coals below 100 ℃. 4. Oxidation of Illinois No. 6 coal[J]. Fuel,1988,67(5):612-618.

[166] FONOUNI H E,KRISHNAN S,KUHN D G,et al. Mechanisms of epoxidations and chlorinations of hydrocarbons by inorganic hypochlorite in the presence of a phase-transfer catalyst[J]. Journal of the American Chemical Society,1983,105(26):7672-7676.

[167] ROTHENBERG G,SASSON Y. Extending the haloform reaction to non-methyl ketones:Oxidative cleavage of cycloalkanones to dicarboxylic acids using sodium hypochlorite under phase transfer catalysis conditions[J]. Tetrahedron,1996,52(43):13641-13648.

[168] ROOK J J. Chlorination reactions of fulvic acids in natural waters[J]. Environmental Science & Technology,1977,11(5):478-482.

[169] LEBEDEV A T,SHAYDULLINA G M,SINIKOVA N A,et al. GC-MS comparison of the behavior of chlorine and sodium hypochlorite towards organic compounds dissolved in water[J]. Water Research,2004,38 (17):3713-3718.

[170] LI W,CHO E H. Coal desulfurization with sodium hypochlorite[J]. Energy & Fuels,2005,19(2):499-507.

[171] KANAZAWA H,ONAMI T. Mechanism of the degradation of Organge G by sodium hypochlorite[J]. Coloration Technology,2001,117(6):323-327.

[172] MEUNIER B,GUILMET E,POILBLANC R. Sodium Hypochlorite:A convenient oxygen source for olefin epoxidation catalyzed by (porphyrinato)manganese complexes[J]. Journal of the American Chemical Society,2000,122(11):2675-2675.

[173] GONSALVI L, ARENDS I, SHELDON R A. Highly efficient use of NaOCl in the Ru-catalysed oxidation of aliphatic ethers to esters[J]. Chemical Communications,2002(3):202-203.

[174] PABIS A,PALUCH P,SZALA J,et al. A DFT study of the kinetic isotope effects on the competing S_2 and E_2 reactions between hypochlorite anion and ethyl chloride[J]. Journal of Chemical Theory and Computation,2009,5(1):33-36.

[175] TRETYAKOVA N Y,LEBEDEV A T,PETROSYAN V S. Degradative pathways for aqueous chlorination of orcinol[J]. Environmental Science & Technology,1994,28(4):606-613.

[176] LU Y,WEI X Y,ZONG Z M,et al. Organonitrogen compounds identified in degraded wheat straw obtained by oxidation in a sodium hypochlorite aqueous solution[J]. Fuel,2013(109):61-67.

[177] JEAN NE'PO M,HOOSHANG P,CHRISTIAN Roy. Separation of syringol from birch wood-derived vacuum pyrolysis oil[J]. Separation and Purification Technology,2001,24(1-2):155-165.

[178] CZERNIK S,BRIDGWATER A V. Overview of applications of biomass fast pyrolysis oil[J]. Energy & Fuels,2004,18(2):590-598.

[179] OASMAA A,PEACOCKE C. A guide to physical property characterization of biomass derived fast pyrolysis liquids[R]. Technical Research Centre of Finland,VTT Publications 450,2001:28-39.

[180] SANDING E,WALLING G,DAUGAARD D E,et al. The prospect for integrating fast pyrolysis into biomass power systems[J]. Power Energy Systems,2004,24(3):228-238.

[181] IKURA M. Emulsification of pyrolysis derived bio-oil in diesel fuel[J]. Biomass & Bioenergy,2003,24(3):221-232.

[182] 王树荣.生物质热解制油的试验与机理研究[D].杭州:浙江大学,1999.

[183] NAKOS P,TSIANTZI S,ATHANASSIADOU E. Wood adhesives made with pyrolysis oils[R]. A C M Wood Chemicals plc,2001.

[184] MOURANT D,YANG D Q,LU X,et al. Anti-fungal properties of the pyroligneous liquors from the pyrolysis of softwood bark[J]. Wood and Fiber Science,2005,37(3):542-548.

[185] OASMAA A,KUOPPALA E,GUST S,et al. Fast pyrolysis of forestry residue. 1. Effect of extractives on phase separation of pyrolysis liquid [J]. Energy & Fuels,2003,17(1):1-12.

[186] 李世光,徐绍平,路庆花.快速热解生物油柱层析分离与分析[J].太阳能学报,2005,26(4):549-555.

[187] ONAY O,GAINES A F,KOCHAR O M,et al. Comparison of the generation of oil by the extraction and the hydropyrolysis of biomass[J]. Fuel,2006,85(3):382-392.

[188] SENSOZ S,KAYNAR I. Bio-oil production from soybean (Glycine Max L):Fuel properties of bio-oil[J]. Industrial Crops and Products,2006,23 (1):99-105.

[189] ITO Y. Countercurrent chromatography[J]. Trends in Biochemical Sciences,1982,7(2):47-50.

[190] MANDAVA N B,ITO Y. Separation of plant hormones by counter-current chromatography[J]. Journal of Chromatography A,1982,247(2): 315-325.

[191] ITO Y,SANDLIN J,BOWERS W G. High-speed preparative countercurrent chromatography with a coil planet centrifuge[J]. Journal of Chromatography A,1982,244(2):247-258.

[192] ITO Y. Countercurrent chromatography[J]. Journal of Biochemical and Biophysical Methods,1981,5(2):105-129.

[193] 赵碧清,段更利.高速逆流色谱法在中药有效成分分离中的应用[J].中成药,2007,29(9):1347-1349.

[194] BALDERMANN S,ROPETER K,NILS K,et al. Isolation of all-trans lycopene by high-speed counter-current chromatography using a temperature-controlled solvent system [J]. Journal of Chromatography A, 2008,1192(1):191-193.

[195] FRIESEN J B,PAULI G F. Rational development of solvent system families in counter-current chromatography[J]. Journal of Chromatography

A,2007,1151(1-2):51-59.

[196] YANAGIDA A,YAMAKAWA Y,NOJI R,et al. Comprehensive separation of secondary metabolites in natural products by high-speed counter-current chromatography using a three-phase solvent system[J]. Journal of Chromatography A,2007,1151(1-2):74-81.

[197] 颜继忠,褚建军,童胜强.中药分离中高速逆流色谱溶剂体系的选择[J].中国现代应用药学,2003,20(5):374-376.

[198] SHIBUSAWA Y,YAMAKAWA Y,NOJI R,et al. Three-phase solvent systems for comprehensive separation of a wide variety of compounds by high-speed counter-current chromatography[J]. Journal of Chromatography A,2006,1133(1-2):119-125.

[199] 陈建华,黄少烈,李忠.高速逆流色谱技术制备石杉碱甲单体[J].中国现代应用药学,2006,23(4):295-297.

[200] 陈理,邓丽杰,陈平.高速逆流色谱分离同分异构体[J].色谱,2006,24(6):570-573.

[201] 陈平,孙东,郑小明.EGCG棕榈酸酯的制备、结构及其抗氧化活性[J].浙江大学学报(理学版),2003,30(4):422-425.

[202] 蔡定国,吴建均.高速逆流色谱法用于甜味剂阿司帕坦的提纯合杂质鉴别[J].中国医药工业杂志,1993,24(11):481-483.

[203] 洪波,赵宏峰,司云珊,等.高速逆流色谱在中药有效成分分离中的应用研究进展[J].吉林农业大学学报,2005,27(5):522-527.

[204] 毛立新,刘诚,杨小兰.高速逆流色谱在保健食品功能成分纯化中的应用[J].食品科学,2007,28(2):372-374.

[205] 陈爱华,杨坚.高速逆流色谱(HSCCC)在食品色素制备中的应用[J].中国食品添加剂,2005(1):83-85.

[206] 曹学丽,徐亚涛,章光明,等.微生物发酵产辅酶Q10的高速逆流色谱法分离纯化[J].中国生物工程杂志,2006,26(8):88-92.

[207] 夏兴,戈梅,陈代杰.利用高速逆流色谱从真菌HCCB00106转化液分离转化产物[J].中国抗生素杂志,2007,32(3):3-4.

[208] SUTHERLAND I A,HEYWOOD-WADDINGTON D,ITO Y. Counter-current chromatography:Applications to the separation of biopolymers, organelles and cells using either aqueous-organic or aqueous-aqueous phase systems[J]. Journal of Chromatography A,1987(384):197-207.

[209] IGLESIAS M J,del RíO J C,Laggoun-Défarge F,et al. Control of the chemical structure of perhydrous coals;FTIR and Py-GC/MS investiga-

tion[J]. Journal of Analytical and Applied Pyrolysis,2002,62(1):1-34.

[210] SUN X G. The investigation of chemical structure of coal macerals via transmitted-light FT-IR microspectroscopy[J]. Spectrochimica Acta Part A: Molecular and Biomolecular Spectroscopy, 2005, 62(1-3): 557-564.

[211] LI X J,HAYASHI J,LI C Z. FT-Raman spectroscopic study of the evolution of char structure during the pyrolysis of a Victorian brown coal [J]. Fuel,2006,85(12-13):1700-1707.

[212] KANEHASHI K,SAITO K. Investigation on chemical structure of minerals in coal using 27Al MQMAS NMR[J]. Fuel Processing Technology,2004,85(8-10):873-885.

[213] STOCK L M,OBENG M. Oxidation and decarboxylation. A reaction sequence for the study of aromatic structural elements in Pocahontas No. 3 coal[J]. Energy & Fuels,1997,11(5):987-997.

[214] WERTZ D L,BISSELL M. One-dimensional description of the average polycyclic aromatic unit in Pocahontas No. 3 coal: an X-ray scattering study[J]. Fuel,1995,74(10):1431-1435.

[215] CODY G D,BOTTO R E,SDE H,et al. Soft X-ray microanalysis and microscopy:A unique probe of the organic chemistry of heterogeneous solids[C]. Preprints of Papers,Division of Fuel Chemistry,210th American Chemical Society National Meeting,Chicago,1995,40(3):387-390.

[216] 王树荣,骆仲泱,谭洪,等. 生物质热解生物油特性的分析研究[J]. 工程热物理学报,2004,25(6):1049-1052.

[217] 张素萍,颜涌捷,任铮伟,等. 生物质快速裂解产物的分析[J]. 华东理工大学学报,2001,27(6):666-668.

[218] 朱满洲,朱锡锋,郭庆祥,等. 以玉米秆为原料的生物质热解油的特性分析[J]. 中国科学技术大学学报,2006,36(4):374-377.

[219] 王丽红,柏雪源,易维明,等. 玉米秸秆热解生物油特性的研究[J]. 农业工程学报,2006,22(3):108-111.

[220] 王晓艳. 生物油及相关生物质原料的特性分析[D]. 长春:吉林农业大学,2005.

[221] TANER F,ERATIK A,ARDIC I. Identification of the compounds in the aqueous phases from liquefaction of lignocellulosics[J]. Fuel Processing Technology,2005,86(4):407-418.

[222] 朱道飞. 生物质在超临界水中的液化转化的实验研究[D]. 昆明:昆明理工

大学,2004.

[223] QIAN Y J,ZUO C J,TAN J,et al. Structural analysis of bio-oils from sub-and supercritical water liquefaction of woody biomass[J]. Energy, 2007,32(3):196-202.

[224] 刘荣厚,袁海荣,李金洋. 花生壳热解试验及其剩余物特性红外光谱分析 [J]. 农业工程学报,2007,23(12):197-201.

[225] BOON J J,PASTOROVA I,BOTTO R E,et al. Structural studies on cellulose pyrolysis and cellulose char by PYMS,PYGCMS,FTIR,NMR and by wet chemical techniques[J]. Biomass & Bioenergy,1994,7(1-6): 25-32.

[226] BIGHELLI A, TOMI F, CASANOVA J. Computer-aided carbon-13 NMR study of phenols contained in liquids produced by pyrolysis of biomass[J]. Biomass & Bioenergy,1994,6(6):461-464.

[227] 王树荣,骆仲泱,董良杰,等. 几种农林废弃物热裂解制取生物油的研究 [J]. 农业工程学报,2004,20(2):246-249.

[228] TANER F,ERATIK A,ARDIC I. Identification of the compounds in the aqueous phases from liquefaction of lignocellulosics[J]. Fuel Processing Technology,2005,86(4):407-418.

[229] LU Y,WEI X Y,CHEN H B,et al. Photocatalytic depolymerization of rice husk over TiO_2 with H_2O_2[J]. Fuel Processing Technology,2014, 117:8-16.

[230] 路瑶,魏贤勇,宗志敏,等. 木质素结构研究与应用[J]. 化学进展,2013,25 (5):838-858.